海技士6Nセレクト問題集

元首席海技試験官　和具弘之　監修

海　文　堂

はしがき

　本書は，六級海技士（航海）の免許を受けようと志す方々を対象にした試験問題解答集です。

　内容は，「航海」「運用」「法規」の順に試験科目ごとに分けて配列し，さらにそれぞれ細目ごとに分類してあります。そして要所ごとに〔解説〕または〔参考〕を入れておきましたので，勉学の参考としてください。

　また，巻末には海図を使用するに当たって参考となる「海図図式」を入れておきました。これも参考にしてください。

　六級海技士試験問題の解答法はすべて「四者択一」，いわゆる四択問題で，解答例4つの中から正解1つを選ぶ方式です。一度の試験に出題される問題数は，「航海」および「運用」がそれぞれ15問，「法規」が20問，合計50問です。

　本書を参考に勉学に努められ，「合格」の栄誉を勝ちとられることを心から祈念しております。

2021年5月

監修者しるす

目　次

航　海

1. 航海計器 …………………………………………………… *3*
2. 航路標識 …………………………………………………… *22*
3. 水路図誌 …………………………………………………… *32*
4. 潮汐及び海流 ……………………………………………… *36*
5. 地文航法 …………………………………………………… *49*
6. 電波航法 …………………………………………………… *67*

運　用

1. 船舶の構造，設備及び復原性 …………………………… *73*
2. 当　直 ……………………………………………………… *82*
3. 気象及び海象 ……………………………………………… *86*
4. 操　船 ……………………………………………………… *103*
5. 船舶の出力装置 …………………………………………… *118*
6. 貨物の取扱い及び積付け ………………………………… *120*
7. 非常措置 …………………………………………………… *121*
8. 医療，捜索及び救助 ……………………………………… *126*

法　規

1. 海上衝突予防法 …………………………………………… *133*
2. 海上交通安全法 …………………………………………… *168*
3. 港則法 ……………………………………………………… *178*
4. 船員法，船員労働安全衛生規則 ………………………… *188*
5. 船舶職員法，海難審判法 ………………………………… *194*
6. 船舶法，船舶安全法，危険物船舶運送及び貯蔵規則 … *197*
7. 海洋汚染等及び海上災害の防止に関する法律 ………… *199*
8. 検疫法 ……………………………………………………… *200*

航　　海

1 航海計器

> **問 1** コンパスカードの読み方について述べた次の(A)と(B)について,それぞれの<u>正誤を判断し</u>,下の(1)〜(4)のうちからあてはまるものを選べ。
>
> > (A) 北を 0° として右回り 360° 式で測ると SE は 145° である。
> > (B) コンパス針路 315° は,90° 式目盛りで読むと N45°W である。
>
> (1) (A)は正しく,(B)は誤っている。
> (2) (A)は誤っていて,(B)は正しい。
> (3) (A)も(B)も正しい。
> (4) (A)も(B)も誤っている。

答 (2)

【解説】 (A) SE は 135° である。

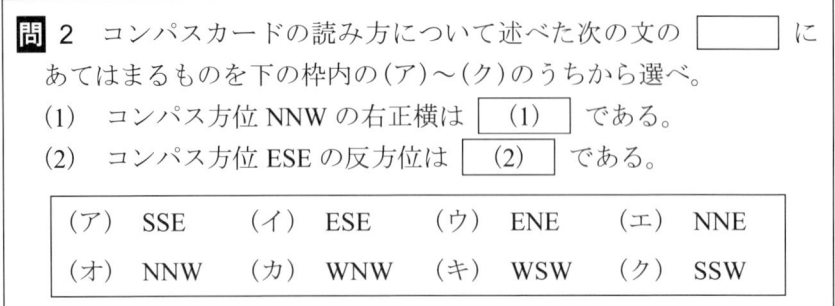

答 (1) ウ (2) カ

〔参考〕コンパスカードの読み方

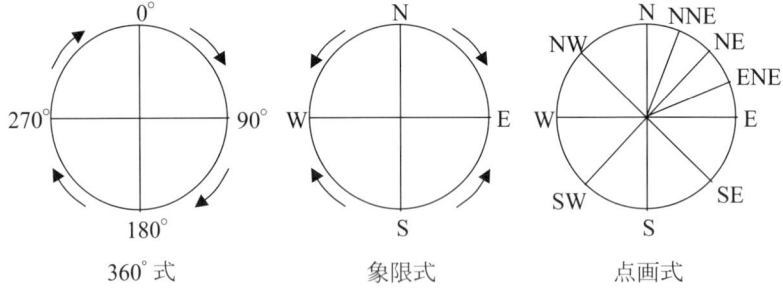

360°式　　　　　象限式　　　　　点画式

問3　真針路 115°のとき左げん正横の物標の真方位は何度か。次のうちから選べ。
(1) 005°　　(2) 015°　　(3) 025°　　(4) 035°

答 (3)

問 4　下図は，液体式磁気コンパスの断面の略図である。図中(A)～(D)の役割について述べた次の文のうち，<u>誤っている</u>ものはどれか。

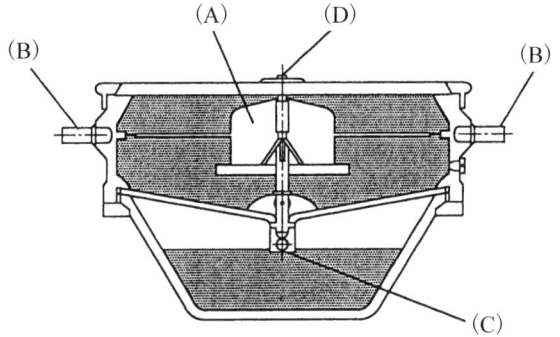

(1)　(A)は，浮力をもち，コンパスカードを支えると同時に，軸針の磨耗を防止する。
(2)　(B)は，バウル（ら盆）内にコンパス液を補充するときの液の注入口である。
(3)　(C)は，コンパス液が膨張又は収縮したときバウル（ら盆）上室のコンパス液量を調整する。
(4)　(D)は，物標の方位を測定するときシャドーピンを立てるための台座である。

答　(2)

【解説】　(2)　(B)はジンバルといい，バウルを水平に保つ役割をする。

問 5 下図は，液体式磁気コンパスのバウル（ら盆）の断面の略図を示す。この図について述べた次の(A)と(B)について，それぞれの正誤を判断し，下の(1)～(4)のうちからあてはまるものを選べ。

> (A) (ア)は，浮室（フロート）である。
> (B) (イ)は，方位かん座（シャドーピン座）である。

(1) (A)は正しく，(B)は誤っている。
(2) (A)は誤っていて，(B)は正しい。
(3) (A)も(B)も正しい。
(4) (A)も(B)も誤っている。

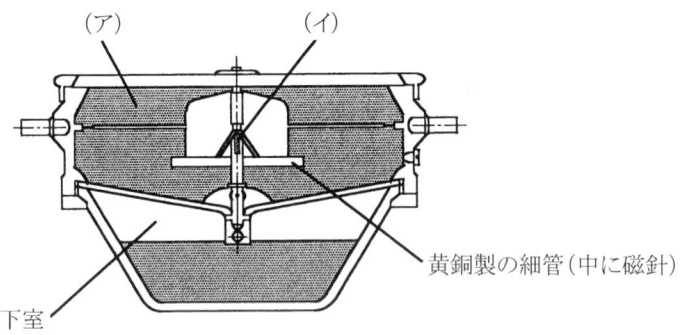

答 (4)

【解説】 (A) (ア)はコンパス液　　(B) (イ)は軸針（ピボット）

問 6 下図は，液体式磁気コンパスの断面の略図である。図中(A)〜(D)の役割について述べた次の文のうち，<u>誤っている</u>ものはどれか。

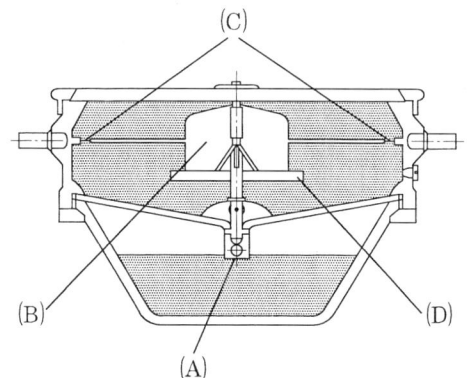

(1) (A)は，バウル（ら盆）内にコンパス液を補充するときの液の注入口である。
(2) (B)は，軸針にかかる重さや摩耗を少なくする。
(3) (C)は，船首又は船尾のコンパス方位を示す指標である。
(4) (D)は，磁針が入っている細管である。

答 (1)

【解説】 (A)は導管といい，コンパス液が膨張又は収縮したとき，バウル（ら盆）上室のコンパス液量を調整する役割をする。

問7 下図は，液体式磁気コンパスの断面の略図である。この図について述べた次の文のうち，誤っているものはどれか。

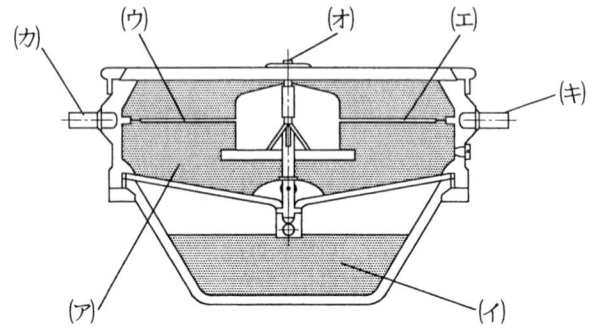

(1) (ア)と(イ)はコンパス液である。
(2) 磁針は，(ウ)と(エ)の部分に取り付けられている。
(3) シャドーピンは，(オ)の部分に取り付ける。
(4) ジンバル（遊動環）装置は(カ)と(キ)を支え，バウル（ら盆）の水平を保つ。

答　(2)

【解説】 (2)の(ウ)と(エ)はコンパスカードである。

問8 液体式磁気コンパスにおけるジンバル（遊動環）装置の役割として最も適当なものは，次のうちどれか。
(1) バウル（ら盆）を水平に保つ。
(2) コンパスの自差を修正する。
(3) バウル（ら盆）内に気泡（あわ）が生じるのを防ぐ。
(4) コンパスカードを支え，軸針の摩耗を防ぐ。

答　(1)

問 9　液体式磁気コンパスの自動調整装置（温度調整装置）について述べた次の文のうち，正しいものはどれか。
(1)　偏差の影響を自動的に調整する。
(2)　バウル（ら盆）内に気泡（あわ）が発生しないように自動的に調整する。
(3)　船体の横揺れによるコンパスの傾きを自動的に調整する。
(4)　指北力を自動的に調整する。

答　(2)

問 10　磁気コンパスの取扱いについて述べた次の(A)と(B)について，それぞれの正誤を判断し，下の(1)～(4)のうちからあてはまるものを選べ。

(A)　コンパスの照明灯以外の電線は，コンパスの付近を通さない。
(B)　ナイフやペンチなどの小さな鉄器は，コンパスに近づけてもコンパスの示度に影響しない。

(1)　(A)は正しく，(B)は誤っている。
(2)　(A)は誤っていて，(B)は正しい。
(3)　(A)も(B)も正しい。
(4)　(A)も(B)も誤っている。

答　(1)

【解説】　(B)　小さな鉄器でも示度に影響する。

問 11 自差について述べた次の(A)と(B)について，それぞれの正誤を判断し，下の(1)～(4)のうちからあてはまるものを選べ。

> (A) 気温の変化によって，自差は変化する。
> (B) 船首方向が変われば，自差は変化する。

(1) (A)は正しく，(B)は誤っている。
(2) (A)は誤っていて，(B)は正しい。
(3) (A)も(B)も正しい。
(4) (A)も(B)も誤っている。

答 (2)

【解説】 自差とは，磁石の指す北（磁北）と自船のコンパスの指す北との差をいう。偏差とは，磁北と真北との差（角）をいう。（日本付近では磁北は真北より西に偏っている。）

問 12 自差の変化の原因とならないものは，次のうちどれか。
(1) 船の地理的位置の変化
(2) 船内の鉄器や鉄材の配置の変更
(3) コンパス液補充のためのバウル（ら盆）の反転
(4) 落雷，衝突，乗揚げ等による船体に対する衝撃

答 (3)

【解説】 (1)(2)(4)とも自差が変化する。

問 13　自差について述べた次の(A)と(B)について，それぞれの正誤を判断し，下の(1)～(4)のうちからあてはまるものを選べ。

> (A)　長い年月が経過しても，自差は変わらない。
> (B)　船内の鉄材や鉄器などを移動させても，自差は変わらない。

(1)　(A)は正しく，(B)は誤っている。
(2)　(A)は誤っていて，(B)は正しい。
(3)　(A)も(B)も正しい。
(4)　(A)も(B)も誤っている。

答　(4)

【解説】　(A)(B)とも誤りで，自差は変わる。

問 14　偏差及び自差について述べた次の(A)と(B)について，それぞれの正誤を判断し，下の(1)～(4)のうちからあてはまるものを選べ。

> (A)　同一物標のジャイロコンパス方位と真方位の差は偏差である。
> (B)　同一物標の磁気コンパス方位と磁針方位との差は自差である。

(1)　(A)は正しく，(B)は誤っている。
(2)　(A)は誤っていて，(B)は正しい。
(3)　(A)も(B)も正しい。
(4)　(A)も(B)も誤っている。

答　(2)

【解説】　(A)はジャイロエラーという。

問 15 トランシットにより次の表の数値を得た。表の（ ）にあてはまるものは，下の(1)～(4)のうちどれか。

磁気コンパス方位	磁針方位	真方位	自差
225°	222°	216°	（ ）

(1) 3°W　　(2) 6°W　　(3) 3°E　　(4) 6°E

答 (1)

【解説】　磁気コンパス方位　225°
　　　　　磁針方位　　　　222°
　　　　　　　　　　　　(－)3°W

コンパス方位度数の方が大きいときは自差は(－)W，小さいときは(＋)Eをつける。

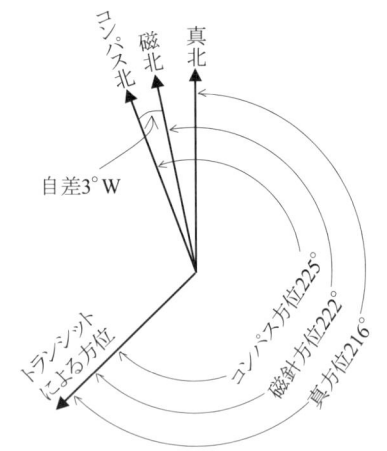

問 16 自差の符号について述べた次の文の ☐ の中にあてはまるものは，下の(1)～(4)のうちどれか。

磁北を基準にして，磁気コンパスの北（ら北）が右にある場合は，自差の符号は ☐ である。

(1) N　　(2) S　　(3) E　　(4) W

答 (3)

> **問 17** 星岬灯台と東山山頂(781)とを一線に見たとき，船の磁気コンパスでその方位を 313°に測った。このときの自差は，次のうちどれか。
>
> (試験用海図 No.15 使用)
>
> (1) 3°E (2) 3°W (3) 6°E (4) 6°W

答 (2)

【解説】　磁気コンパス方位　313°
　　　　　磁針方位　310°　(星岬灯台と東山山頂一線方位)
　　　　　　(−)3°W

> **問 18** 内海港導標を一線に見たとき，船の磁気コンパスでその方位を 030°に測った。このときの自差は，次のうちどれか。
>
> (試験用海図 No.16 使用)
>
> (1) 2°E (2) 2°W (3) 5°E (4) 5°W

答 (1)

【解説】　磁気コンパス方位　030°
　　　　　磁針方位　032°　(導標一線方位)
　　　　　　(＋)2°E

> **問 19** 馬埼灯台と三角山山頂(720)とを一線に見たとき，船の磁気コンパスでその方位を 329°に測った。このときの自差は，次のうちどれか。
>
> (試験用海図 No.16 使用)
>
> (1) 2°E (2) 2°W (3) 5°E (4) 5°W

答 (2)

【解説】　磁気コンパス方位　329°
　　　　　磁針方位　327°　(一線方位)
　　　　　　(−)2°W

問 20 下図は，音響測深機の記録紙に海底の二重反射が現れている状態を示したものである。船底から海底までの深さを示すものは，図中の(1)〜(4)のうちどれか。

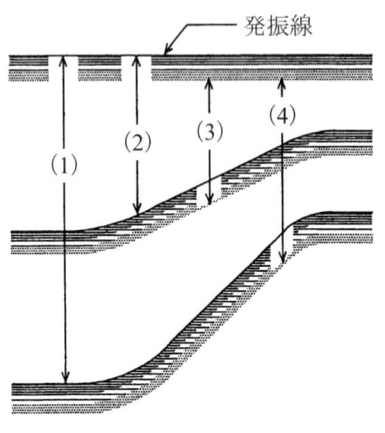

答　(2)

問 21 音響測深機について述べた次の文のうち，適当でないものはどれか。
(1) 照度調整つまみにより記録紙，深度尺の照明を調整する。
(2) 多重反射が記録される場合は，1回反射線が水深を示す。
(3) 測深範囲の切換えは，海図記載の水深を参照して行う。
(4) 水深を測定するときは，発振線を深度尺の 0m に合わせておく。

答　(4)

【解説】(4) 水深を測定するときは，発振線を自船の喫水の深さに合わせておく。

問 22 音響測深機の効用について述べた次の(A)と(B)について、それぞれの正誤を判断し、下の(1)～(4)のうちからあてはまるものを選べ。

> (A) 音響測深機は、ある程度底質の判断ができる。
> (B) 音響測深機は、船位推定には役立たない。

(1) (A)は正しく、(B)は誤っている。
(2) (A)は誤っていて、(B)は正しい。
(3) (A)も(B)も正しい。
(4) (A)も(B)も誤っている。

答 (1)

【解説】 (A) 海底が硬い底質と泥とでは、記録紙に現れる色合いの濃さが違ってくる。
(B) 海図の水深と合わせてみると船位を推定できる。

問 23 NE の風（風圧差 5°）を受ける海域を実航磁針路 135° で航行するためのコンパス針路は、次のうちどれか。ただし、このときの船首方向に対する自差は 3° E である。
(1) 127°   (2) 130°   (3) 133°   (4) 137°

答 (1)

【解説】 NE の風は、左げんから右げんへ圧する（＋）、また、自差は（＋）3°であるので、3°＋5°＝8° となり、8° 右へ流される。
したがって 135°－8°＝<u>127°</u> （とるべき針路）

問 24 コンパス針路 180°（自差 3°）で東の風（風圧差 5°）を受けながら航行中の船の実航磁針路は，次のうちどれか。
(1) 175°　　　(2) 178°　　　(3) 185°　　　(4) 188°

答 (4)

【解説】　自差　　（＋）3°
　　　　　風圧差　（＋）5°　（左げんから圧する）
　　　　　　　　　（＋）8°
　　　　　針路　　180°
　　　　　　　　　188°　（実航磁針路）

問 25 無線方位測定機の利用について述べた次の(A)と(B)について，それぞれの正誤を判断し，下の(1)～(4)のうちからあてはまるものを選べ。

　(A)　夜間は，昼間に比べて利用範囲が狭くなる。
　(B)　目的地からの到来電波を常に船首方向に保って航行すると，目的地に到達できる。

(1)　(A)は正しく，(B)は誤っている。
(2)　(A)は誤っていて，(B)は正しい。
(3)　(A)も(B)も正しい。
(4)　(A)も(B)も誤っている。

答 (3)

問 26　無線方位測定機について述べた次の(A)と(B)について，それぞれの正誤を判断し，下の(1)～(4)のうちあてはまるものを選べ。

> (A)　到達時間差を測定して船位を求めるためのものである。
> (B)　日出没前後 1～2 時間の間は，測定値に大きな誤差が含まれる。

(1)　(A)は正しく，(B)は誤っている。
(2)　(A)は誤っていて，(B)は正しい。
(3)　(A)も(B)も正しい。
(4)　(A)も(B)も誤っている。

答　(2)

問 27　無線方位測定機によって船位を求める場合の注意事項として適当でないものは，次のうちどれか。
(1)　無線標識局は，30 海里以内のものがよい。
(2)　無線方位を測定するときは，日出没時ごろがよい。
(3)　到来電波の方向は，海岸線と直角な方向のものがよい。
(4)　到来電波の方向は，船首尾線方向か正横方向のものがよい。

答　(2)

問 28 無線方位測定機により無線標識局の発射電波の方位を測定する場合の注意事項を述べた次の(A)と(B)について，それぞれの正誤を判断し，下の(1)〜(4)のうちからあてはまるものを選べ。

> (A) 方位測定の時機として，日出没時のころは避けるほうがよい。
> (B) 標識局をのぞむ方位線が海岸線に対して直角に近いほうがよい。

(1) (A)は正しく，(B)は誤っている。
(2) (A)は誤っていて，(B)は正しい。
(3) (A)も(B)も正しい。
(4) (A)も(B)も誤っている。

答 (3)

問 29 船舶の無線方位測定機によって，無線方位信号所の発射電波の方位測定を行う場合，その方位誤差が最も少ない時機は，一般に次のうちどれか。ただし，船舶の位置及び船首方位は一定とする。
(1) 日出時　(2) 正午ごろ　(3) 日没時　(4) 深夜

答 (2)

問 30 無線方位測定機の利用について述べた次の(A)と(B)について，それぞれの正誤を判断し，下の(1)〜(4)のうちからあてはまるものを選べ。

> (A) 電波の減衰を考慮して，できる限り近距離の局を選定する。
> (B) 電波が海岸線に対し，できる限り平行に到来する局を選定する。

(1) (A)は正しく，(B)は誤っている。
(2) (A)は誤っていて，(B)は正しい。
(3) (A)も(B)も正しい。
(4) (A)も(B)も誤っている。

答 (1)

【解説】 無線方位測定機は，無線標識局からの電波の到来してくる方位を測定するもので，夜間，日出没ころは測定を避けること。海岸線と直角な方向，船首尾線，正横方向から受ける電波がより精度が良い。

問 31 オートパイロットの調整装置でないものは，次のうちどれか。
(1) 針路調整　　(2) 舵角調整
(3) 天候調整　　(4) 当て舵調整

答 (1)

【解説】 オートパイロットには，(1)の針路に関する調整装置はない。

> 問 32　オートパイロットを自動操舵から手動操舵に切りかえなければならない場合として，適当でないものは，次のうちどれか。
> (1)　大角度の変針をするとき。
> (2)　夜間航行するとき。
> (3)　港に入港するとき。
> (4)　狭い水路を航行するとき。

答　(2)

【解説】(2)　夜間でも広い水域であれば自動操舵で何ら問題はない。
　　　　(1)(3)(4)の場合は必ず手動で操舵すること。

> 問 33　オートパイロットを運転して自動操舵で航海中，船が設定した針路で航走しているかどうか確認する方法のうち，不適当なのは，次のうちどれか。
> (1)　コンパスを見て確認する。
> (2)　コースレコーダーを見て確認する。
> (3)　風の強さを見て確認する。
> (4)　航跡を見て確認する。

答　(3)

問 34　電磁ログについて述べた次の(A)と(B)について，それぞれの正誤を判断し，下の(1)〜(4)のうちからあてはまるものを選べ。

> (A)　指示器に表示される数値は対地速力を表している。
> (B)　船底に取り付けられている受感部は入渠中しか点検できない。

(1)　(A)は正しく，(B)は誤っている。
(2)　(A)は誤っていて，(B)は正しい。
(3)　(A)も(B)も正しい。
(4)　(A)も(B)も誤っている。

答　(4)

【解説】(A)は対水速力を表している。(B)は航行中でも点検できる。

問 35　電磁ログについて述べた次の(A)と(B)について，それぞれの正誤を判断し，下の(1)〜(4)のうちからあてはまるものを選べ。

> (A)　指示器に表示される数値は対水速力を表している。
> (B)　速力だけでなく，航程を表示することができる。

(1)　(A)は正しく，(B)は誤っている。
(2)　(A)は誤っていて，(B)は正しい。
(3)　(A)も(B)も正しい。
(4)　(A)も(B)も誤っている。

答　(3)

2 航路標識（参照：海図図式）

問 36 灯台の灯略記として「Fl (2) W 15s ［Gp Fl w (2) 15sec］」で示されているものは，次のうちどれか。
　　　　　　　　　　　　　　　　　（［　］内は旧灯略記を示す。）
(1)　15秒の間に白色の閃光を2回発する。
(2)　15秒の間に等間隔で2回の光を発する。
(3)　15秒の間に異色の閃光をそれぞれ1回ずつ発する。
(4)　15秒の間にモールス符号の数字の2の符号の光を発する。

答　(1)

問 37 灯台の灯略記として「Oc R 6s ［Occ r 6sec］」で示されているものは，次のうちどれか。
　　　　　　　　　　　　　　　　　（［　］内は旧灯略記を示す。）
(1)　赤光を毎6秒に1光発し，明間が暗間より長いもの
(2)　赤光を毎6秒に1光発し，暗間が明間より長いもの
(3)　白光を毎6秒に1光発し，明間が暗間より長いもの
(4)　白光を毎6秒に1光発し，暗間が明間より長いもの

答　(1)

問 38 航路標識の灯質のうち,「赤光と白光とが交互に発射されて暗間が全くないもの」を示す灯略記は,次のうちどれか。
　　　　　　　　　　　　　　　　　　（[　]内は旧灯略記を示す。）
(1)　Fl G　[Fl g]　　　　　　(2)　Al W R　[Alt w r]
(3)　Oc R　[Occ r]　　　　　 (4)　Fl (3) R　[Gp Fl r (3)]

答　(2)

問 39 航路標識の灯質のうち,「一定の光度をもつ光を一定の間隔で発し,明間と暗間の長さが同一のもの」を示す灯略記は,次のうちどれか。　　　　　　　　　　（[　]内は旧灯略記を示す。）
(1)　Fl　　(2)　Iso　　(3)　Al [Alt]　　(4)　Oc [Occ]

答　(2)

問 40 航路標識の灯質について述べた次の(A)と(B)について,それぞれの正誤を判断し,下の(1)〜(4)のうちからあてはまるものを選べ。　　　　　　　　　　（[　]内は旧灯略記を示す。）

(A)　一定の光度をもつ光を一定の間隔で発し,明間又は明間の和が暗間又は暗間の和より長いものを「明暗光（Oc）[Occ]」という。
(B)　一定の光度を持続し,暗間のないものを「閃光（Fl）」という。

(1)　(A)は正しく,(B)は誤っている。
(2)　(A)は誤っていて,(B)は正しい。
(3)　(A)も(B)も正しい。　　　(4)　(A)も(B)も誤っている。

答　(1)

【解説】(B)は不動光（F）という。

問 41 航路標識の種類について述べた次の(A)と(B)について、それぞれの正誤を判断し、下の(1)～(4)のうちからあてはまるものを選べ。

> (A) 船舶に険礁などを示すために設置する構造物で、灯光を発するものを導灯という。
> (B) 船舶に特定の一線を示すために設置する 2 基以上を一対とする構造物で、灯光を発するものを指向灯という。

(1) (A)は正しく、(B)は誤っている。
(2) (A)は誤っていて、(B)は正しい。
(3) (A)も(B)も正しい。
(4) (A)も(B)も誤っている。

答 (4)

【解説】 (A)は灯標、(B)は導灯である。

問 42 航路標識の種類について述べた次の文のうち、誤っているものはどれか。
(1) 岩礁・浅瀬などに設置した構造物で、灯光を発するものを灯標という。
(2) 島・岬等の航海上の要所に設置した塔状の構造物で、灯光を発するものを灯台という。
(3) 暗礁・岩礁・防波堤の先端などを灯光によって照らすものを照射灯という。
(4) 狭水道などの可航水路を水路の両側から灯光によって照らすものを導灯という。

答 (4)

【解説】 (4)は指向灯である。

問 43 日本の浮標式〔IALA 海上浮標式（B 地域の方式）〕では，下図の図 1 に示す標識は，下図の図 2 の(1)～(4)のどの地点に設置されているか。ただし，黒，赤は標体の塗色を示す。

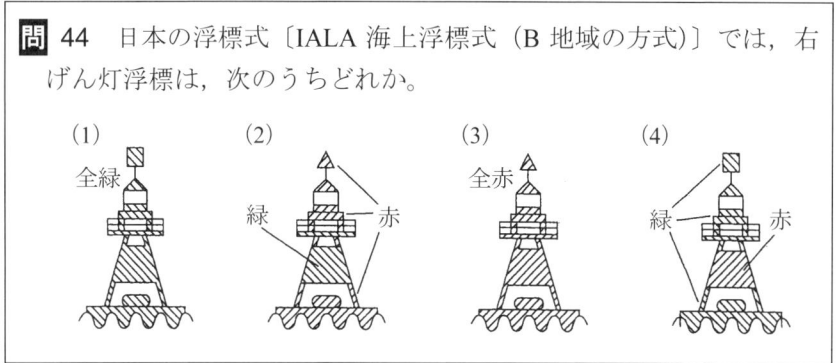

答 (1)

【解説】 図 1 は孤立障害標識を示す。標識の位置付近に岩礁（暗岩）が孤立して存在している。したがって，(1)が答となる。

問 44 日本の浮標式〔IALA 海上浮標式（B 地域の方式）〕では，右げん灯浮標は，次のうちどれか。

答 (3)

【解説】 (1)は左げん標識，(2)は左航路優先標識，(4)は右航路優先標識である。

問 45 日本の浮標式〔IALA 海上浮標式（B 地域の方式）〕では，下図に示すような標識は，その標識のどちらの方向に可航水域があることを示すか。次のうちから選べ。ただし，黒，黄は塗色を示す。

(1) 北　方
(2) 東　方
(3) 南　方
(4) 西　方

答 (1)

【解説】 図は北方位標識を示し，標識の北側に可航水域がある。

問 46 日本の浮標式〔IALA 海上浮標式（B 地域の方式）〕では，孤立障害標識は，次のうちどれか。

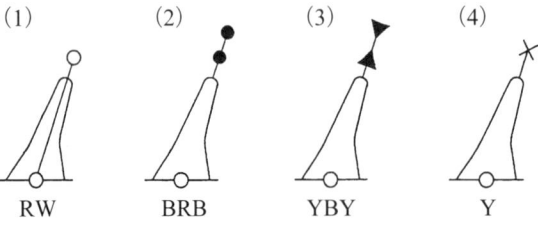

答 (2)

【解説】 (1)は安全水域標識，(3)は西方位標識，(4)は特殊標識である。

問 47 日本の浮標式〔IALA 海上浮標式（B 地域の方式）〕では，その西方（南西方向から北西方向に至る象限）に可航水域があることを示すものは，次のうちどれか。

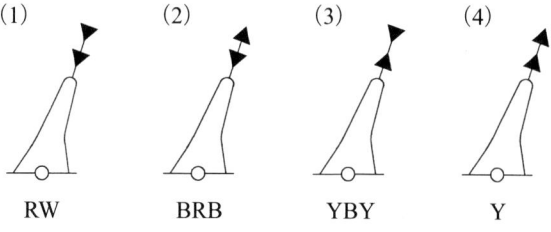

(1) RW　(2) BRB　(3) YBY　(4) Y

答 (3)

【解説】 (1)は南方，(2)は東方，(4)は北方に，それぞれ可航水域があることを示す標識である。

問 48 日本の浮標式〔IALA 海上浮標式（B 地域の方式）〕では，孤立障害標識の標体の塗色は，次のうちどれか。
(1) 黒地に黄横帯 1 本　　(2) 黒地に赤横帯 1 本以上
(3) 赤白縦しま　　(4) 赤地に緑横帯 1 本

答 (2)

【解説】 (1)は東方位標識，(3)は安全水域標識，(4)は左航路優先標識である。

問 49 日本の浮標式〔IALA 海上浮標式（B 地域の方式）〕では，安全水域標識の標体の塗色は，次のうちどれか。
(1) 赤地に緑横帯 1 本　　(2) 黄
(3) 赤白縦しま　　(4) 黄地に黒横帯 1 本

答 (3)

【解説】 (1)は左航路優先標識，(2)は特殊標識，(4)は西方位標識である。

問 50　日本の浮標式〔IALA 海上浮標式（B 地域の方式)〕では，北方位標識の標体の塗色は，次のうちどれか。
(1)　黒地に黄横帯 1 本　　(2)　黄地に黒横帯 1 本
(3)　上部黄，下部黒　　　(4)　上部黒，下部黄

答　(4)

【解説】　(1)は東方位標識，(2)は西方位標識，(3)は南方位標識である。

問 51　日本の浮標式〔IALA 海上浮標式（B 地域)〕による標識のうち，白色の灯光を発しないものは，次のうちどれか。
(1)　北方位標識　　　　(2)　右げん標識
(3)　孤立障害標識　　　(4)　安全水域標識

答　(2)

問 52　日本の浮標式〔IALA 海上浮標式（B 地域の方式)〕では，特殊標識の標体の塗色は，次のうちどれか。
(1)　黄　　(2)　緑　　(3)　黒　　(4)　赤

答　(1)

問 53 日本の浮標式〔IALA 海上浮標式（B 地域の方式）〕について述べた次の(A)と(B)について，それぞれの正誤を判断し，下の(1)～(4)のうちからあてはまるものを選べ。

> (A) 方位標識を利用するには，無線方位測定機が必要となる。
> (B) 昼間は，標体の塗色や頭標によって意味が判別できる。

(1) (A)は正しく，(B)は誤っている。
(2) (A)は誤っていて，(B)は正しい。
(3) (A)も(B)も正しい。
(4) (A)も(B)も誤っている。

答 (2)

問 54 毎 10 秒に 3 急閃白光を発する方位標識は，次のうちどれか。
(1) 東方位標識　　(2) 西方位標識
(3) 南方位標識　　(4) 北方位標識

答 (1)

問 55 東方位標識は，毎 10 秒にいくつの急閃白光を発するか。次のうちから選べ。
(1) 2　　(2) 3　　(3) 6　　(4) 9

答 (2)

問 56 毎 15 秒に 6 急閃白光及び 1 長閃白光を発する方位標識は，次のうちどれか。
(1) 東方位標識　　(2) 西方位標識
(3) 南方位標識　　(4) 北方位標識

答　(3)

> **問 57**　毎 15 秒に 9 急閃白光を発する方位標識は，次のうちどれか。
> (1)　東方位標識　　　(2)　西方位標識
> (3)　南方位標識　　　(4)　北方位標識

答　(2)

> **問 58**　日本の港に入港するとき，下図に示す航路標識が見えた。これについて述べた次の文のうち，正しいものはどれか。
>
> (1)　標識の位置が航路の左側の端である。
> (2)　標識の位置が航路の右側の端である。
> (3)　標識の位置が航路中央である。
> (4)　標識の位置に障害物がある。
>
> 全緑

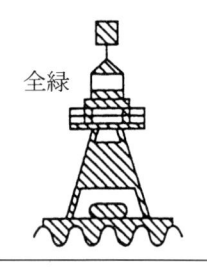

答　(1)

【解説】　図は左げん標識を示す。

問 59　日本の港を出港するとき，次の航路標識のうち，どれを右に見て航行すればよいか。

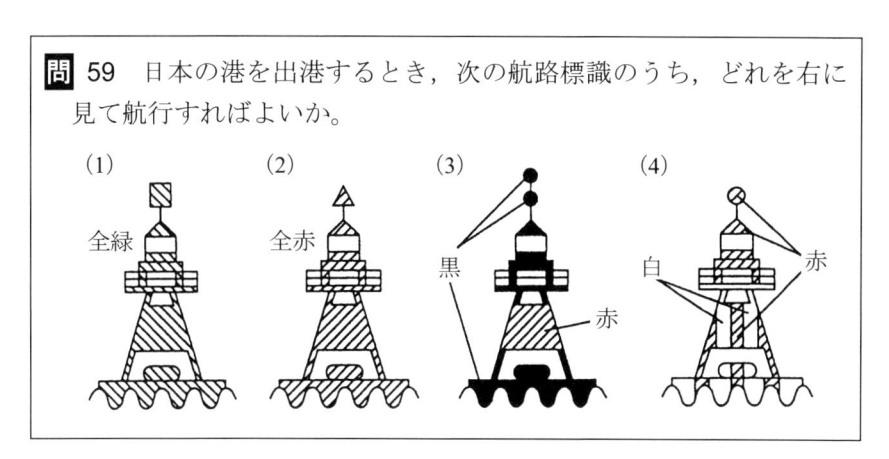

(1) 全緑　(2) 全赤　(3) 黒／赤　(4) 白／赤

答　(1)

【解説】　出港するときなので，(1)の左げん標識を右に見て航行しなければならない。

問 60　日本の港に入港するとき，右に見て航行しなければならない灯浮標は，次のうちどれか。

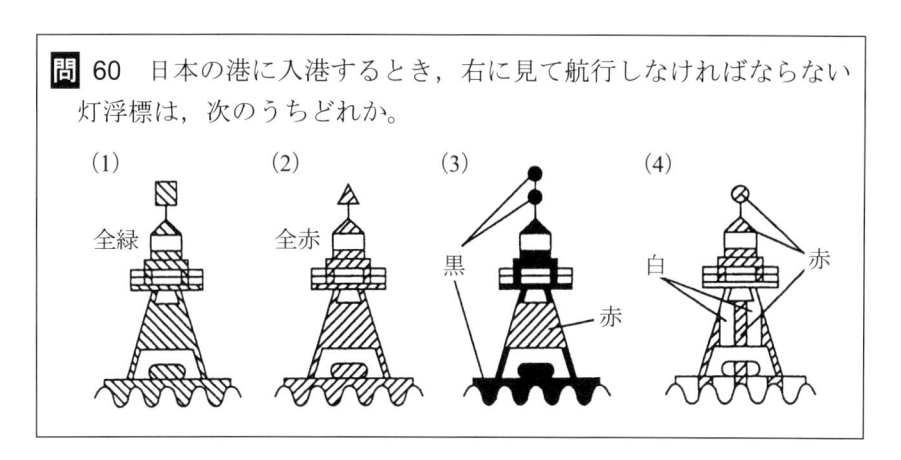

(1) 全緑　(2) 全赤　(3) 黒／赤　(4) 白／赤

答　(2)

【解説】　(2)は右げん標識である。

3 水路図誌

> **問 61** 海図記載の水深は，どのような基準面からの深さを示したものか。次のうちから選べ。
> (1) 平均水面 (2) 略最高高潮面
> (3) 略最低低潮面 (4) その他の潮汐の高潮面

答 (3)

【解説】 (1)は山の高さ，(2)は陸岸線，(4)は橋の高さなどを測る基準面である。(3)は基本水準面ともいい，干出岩，潮高を測る基準面ともなっている。

> **問 62** 海図に記載されている灯台（光力が十分あるもの）の光達距離は，次のうちどの眼高を基準としているか。
> (1) 基本水準面上5メートル (2) 基本水準面上10メートル
> (3) 平均水面上5メートル (4) 平均水面上10メートル

答 (3)

問 63　海図について述べた次の(A)と(B)について，それぞれの正誤を判断し，下の(1)〜(4)のうちからあてはまるものを選べ。

> (A)　海図に記載されているコンパス図は，普通，真方位と磁針方位の2種類を使用している。
> (B)　陸地や島などに描かれている等高線の間隔が広い所ほど，その付近の傾斜が急である。

(1)　(A)は正しく，(B)は誤っている。
(2)　(A)は誤っていて，(B)は正しい。
(3)　(A)も(B)も正しい。
(4)　(A)も(B)も誤っている。

答　(1)

【解説】(B)　等高線は，陸の地図と同じで，間隔が広い所ほど，傾斜は緩やかである。

問 64　海図に記載されている内容が最新のものであるかどうかを調べるには，その海図の何を見ればよいか。次のうちから最も適当なものを選べ。
(1)　海図の汚れ具合及び紙の変色の具合
(2)　海上保安庁が海図を刊行した年月日
(3)　海図の欄外の四すみに記載されている番号
(4)　海図の左下欄外に記載されている小改正の年数及び項数

答　(4)

【解説】(4)を見ることによって，海上保安庁から発刊される水路通報など，最新の情報をもとに改正（補正）されているかどうかがわかる。

問 65 海図の取扱いについて述べた次の(A)と(B)について、それぞれの正誤を判断し、下の(1)〜(4)のうちからあてはまるものを選べ。

> (A) 海図を格納するときは、必要な海図が直ちに取り出せるように平らにし、海図の発行年度順に引出しに収める。
> (B) 海図に記載されている内容が最新のものであるかどうかは、海図の左下の欄外に記載されている小改正の年数及び項数で判断する。

(1) (A)は正しく、(B)は誤っている。
(2) (A)は誤っていて、(B)は正しい。
(3) (A)も(B)も正しい。
(4) (A)も(B)も誤っている。

答 (2)

【解説】 (A) 海図を格納するときは、一般には、海図の番号順に収める。

問 66 漸長図(漸長海図)について述べた次の(A)と(B)について、それぞれの正誤を判断し、下の(1)〜(4)のうちからあてはまるものを選べ。

> (A) 漸長図(漸長海図)上では、針路、方位線は直線で表される。
> (B) 漸長図(漸長海図)上では、赤道は曲線で表される。

(1) (A)は正しく、(B)は誤っている。
(2) (A)は誤っていて、(B)は正しい。
(3) (A)も(B)も正しい。
(4) (A)も(B)も誤っている。

答 (1)

【解説】 (B) 赤道も直線で表される。

問 67　海図図式,「✣」の表すものは，次のうちどれか。
(1)　干出岩　　(2)　暗岩　　(3)　洗岩　　(4)　水上岩

答　(3)

【解説】(3)　洗岩とは，低潮時になると水面に現れる暗礁である。

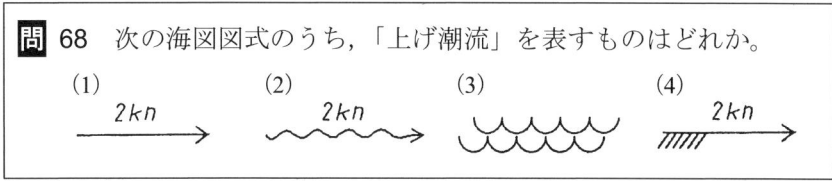

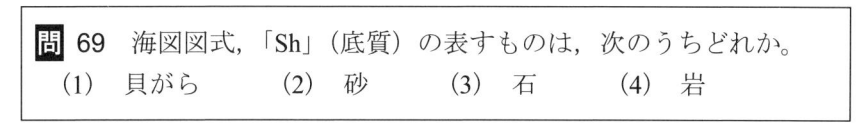

問 68　次の海図図式のうち,「上げ潮流」を表すものはどれか。
(1) →2kn→　(2) 〜2kn→　(3) 〰〰〰　(4) →2kn→(斜線付)

答　(4)

問 69　海図図式,「Sh」(底質)の表すものは，次のうちどれか。
(1)　貝がら　　(2)　砂　　(3)　石　　(4)　岩

答　(1)

問 70　海図図式（底質）とその表すものを示した次の組合せのうち，誤っているものはどれか。
(1)　fS……細かい砂　　(2)　G……礫
(3)　Co……さんご　　(4)　Sh……粘土

答　(4)

【解説】(4)　Sh は貝がらである。

〔参考〕　砂……S，石……St，岩……R

4 潮汐及び海流

問 71 潮汐について述べた次の文の ☐ の中にあてはまるものは，下のうちどれか。

潮汐とは，月と太陽の引力作用により，海面が陸地に対して上下する動きをいい，高潮から次の高潮までの時間は，一般に約 ☐ である。
(1) 4時間　(2) 6時間　(3) 8時間　(4) 12時間

答　(4)

問 72 次の月の見え方のうち，潮汐の干満の差が最も大きくなるのはどれか。

(1)　(2)　(3)　(4)

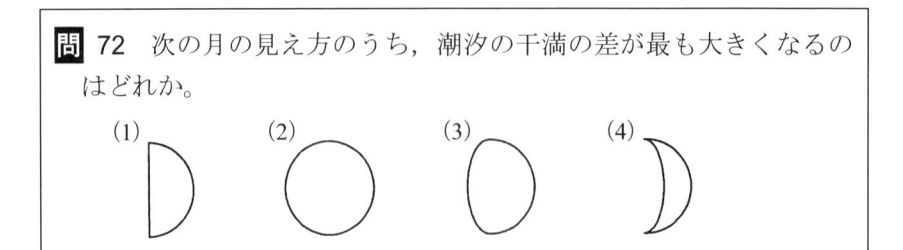

答　(2)

【解説】満月および新月のとき，干満の差が大きくなる（大潮という）。

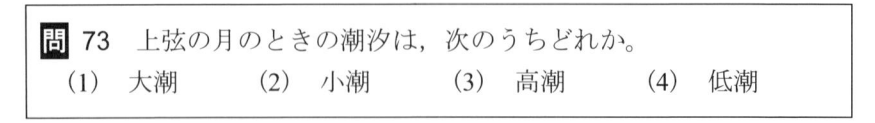

問 73 上弦の月のときの潮汐は，次のうちどれか。
(1) 大潮　(2) 小潮　(3) 高潮　(4) 低潮

答　(2)

問 74 潮汐の干満について述べた次の(A)と(B)について，それぞれの正誤を判断し，下の(1)～(4)のうちからあてはまるものを選べ。

> (A) 満月のころは干満の差が大きい。
> (B) 新月のころは干満の差が小さい。

(1) (A)は正しく，(B)は誤っている。
(2) (A)は誤っていて，(B)は正しい。
(3) (A)も(B)も正しい。
(4) (A)も(B)も誤っている。

答 (1)

【解説】(B) 満月のころとともに新月のころも干満の差が大きい（大潮）。

問 75 潮汐について述べた次の(A)と(B)について，それぞれの正誤を判断し，下の(1)～(4)のうちからあてはまるものを選べ。

> (A) 相次ぐ高潮と低潮の潮高の差は，新月又は満月のころが最大である。
> (B) 月と太陽の引力が地球に対して同一の方向に働くときは，干満の差が大きい。

(1) (A)は正しく，(B)は誤っている。
(2) (A)は誤っていて，(B)は正しい。
(3) (A)も(B)も正しい。
(4) (A)も(B)も誤っている。

答 (3)

問 76　潮汐の用語について述べた次の(A)と(B)について，それぞれの正誤を判断し，下の(1)〜(4)のうちあてはまるものを選べ。

> (A)　上げ潮とは，低潮から高潮までの間，次第に海面が上昇する状態をいう。
> (B)　小潮とは，月が上弦及び下弦のころの干満の差が最も小さい状態をいう。

(1)　(A)は正しく，(B)は誤っている。
(2)　(A)は誤っていて，(B)は正しい。
(3)　(A)も(B)も正しい。
(4)　(A)も(B)も誤っている。

答　(3)

問 77　潮汐の干満について述べた次の文のうち，誤っているものはどれか。
(1)　潮汐は，月と太陽の引力の作用で，海面が昇降する現象である。
(2)　月がその地の子午線の上にきてから，いくらか遅れて高潮となる。
(3)　月と太陽の引力が地球に対して同一の方向に働くときは，干満の差が小さい。
(4)　干満の差が大きいときを大潮，干満の差が小さいときを小潮という。

答　(3)

【解説】(3)　月と太陽の引力が地球に対して同一の方向に働くときは，干満の差が最も大きくなる。

問 78 潮流の流向及び流速について述べた次の(A)と(B)について，それぞれの正誤を判断し，下の(1)～(4)のうちからあてはまるものを選べ。

> (A) 海岸線の突出部の陰等には，反流を生じることがある。
> (B) 狭い水道のわん曲部では，潮流はわん曲部の内側で強く，外側で弱い。

(1) (A)は正しく，(B)は誤っている。
(2) (A)は誤っていて，(B)は正しい。
(3) (A)も(B)も正しい。
(4) (A)も(B)も誤っている。

答 (1)

【解説】(B) 潮流はわん曲部の外側で強い。

問 79 我が国の海峡及び水道のうち，次の(1)と(2)の最強流速を下の枠内の(ア)～(エ)のうちから選べ。

(1) 来島海峡　　(2) 浦賀水道（東京湾湾口）

> (ア) 約10ノット　　(イ) 約7ノット
> (ウ) 約5ノット　　(エ) 約2ノット

答 (1) (ア)　(2) (エ)

問 80 我が国の海峡の最強流速について述べた次の(A)と(B)について，それぞれの正誤を判断し，下の(1)～(4)のうちからあてはまるものを選べ。

> (A) 明石海峡の最強流速は，約2ノットといわれている。
> (B) 関門海峡（早鞆瀬戸）の最強流速は，約6ノットといわれている。

(1) (A)は正しく，(B)は誤っている。
(2) (A)は誤っていて，(B)は正しい。
(3) (A)も(B)も正しい。
(4) (A)も(B)も誤っている。

答 (4)

【解説】 明石海峡の最強流速は約7ノット，関門海峡（早鞆瀬戸）の最強流速は約8ノットといわれている。

問 81 黒潮について述べた次の(A)と(B)について，それぞれの正誤を判断し，下の(1)～(4)のうちからあてはまるものを選べ。

> (A) 黒潮は暖流である。
> (B) 黒潮の分流は日本海を流れる。

(1) (A)は正しく，(B)は誤っている。
(2) (A)は誤っていて，(B)は正しい。
(3) (A)も(B)も正しい。
(4) (A)も(B)も誤っている。

答 (3)

問 82 潮汐表によると，5月31日の高知における潮汐は，次表のとおりである。当日の潮汐について述べた次の枠内の(A)と(B)について，それぞれの正誤を判断し，下の(1)～(4)のうちからあてはまるものを選べ。

5 月		
	時　刻	潮　高
31	h　　m 01　46 07　10 14　02 20　58	cm 96 163 22 160

(A)　$01^h 46^m$の潮高を高潮という。
(B)　正午ごろは，上げ潮である。

(1)　(A)は正しく，(B)は誤っている。
(2)　(A)は誤っていて，(B)は正しい。
(3)　(A)も(B)も正しい。
(4)　(A)も(B)も誤っている。

答　(4)

【解説】　当日 0710 が高潮，以後，下げ潮流が始まり，1402 まで続く。したがって，正午ごろは下げ潮流となる。
　　(A)　低潮という。
　　(B)　下げ潮である。

問 83 潮汐表によれば，A 港の 10 月 3 日の潮汐は次表のとおりで，B 岸壁付近の海図記載の水深は 3m80cm であった。当日午前 7 時 13 分ころの B 岸壁付近の水深は，下の(1)～(4)のうちどれか。

10 月		
時 刻		潮 高
	h　　m	cm
	00　39	37
3	07　13	180
	12　47	90
	18　32	189

(1)　1m80cm　　　(2)　2m00cm
(3)　3m80cm　　　(4)　5m60cm

答　(4)

【解説】　3ᵐ 80ᶜᵐ（海図上の水深）
　　　　　1ᵐ 80ᶜᵐ（潮高）（＋
　　　　　5ᵐ 60ᶜᵐ（水深）

問 84 潮汐表によると，7月16日の神戸における潮汐は，次表のとおりである。当日の潮汐について述べた次の枠内の(A)と(B)について，それぞれの正誤を判断し，下の(1)～(4)のうちからあてはまるものを選べ。

7 月		
時 刻		潮 高
h	m	cm
16　04	41	94
10	01	139
16	46	61
23	47	144

(A) 04^h41^m までは，上げ潮である。
(B) 水深が最も浅くなるのは，23^h47^m である。

(1) (A)は正しく，(B)は誤っている。
(2) (A)は誤っていて，(B)は正しい。
(3) (A)も(B)も正しい。
(4) (A)も(B)も誤っている。

答 (4)

【解説】(A) 下げ潮である。
　　　　(B) 16^h46^m である。

問 85 潮汐表によると，2月1日の尾道における潮汐は，次表のとおりである。表中の潮高（−2）について述べた下の(1)〜(4)のうち，正しいものはどれか。

2 月		
時 刻		潮 高
h	m	cm
1　00	25	323
06	51	−2
13	23	349
19	24	75

(1) 潮高が，基本水準面よりも2cm下がることを示す。
(2) 潮高が，平均水面よりも2cm下がることを示す。
(3) 潮高が，前日の午前の低潮時の潮高よりも2cm下がることを示す。
(4) 潮高が，当日00時25分の潮高よりも2cm下がることを示す。

答　(1)

【解説】 上記表中の潮高とは，基本水準面（略最低低潮面）からの高さを示す。したがって，マイナス（−）は，基本水準面よりもさらに低く（浅く）なることを示す。

問 86 潮汐表によると，12月3日の明石海峡における潮流は，次表のとおりである。当日の昼間，西流が流れている時間帯を正しく示したものは，下の(1)～(4)のうちどれか。

+： 西流 W　　　−： 東流 E

	1 2 月				
	転 流 時		最	強	
	h	m	h	m	kn
	00	31	04	32	− 2.8
3	07	55	11	25	+ 4.2
	15	37	18	48	− 2.2
	21	59	23	37	+ 0.8

(1)　$07^h 55^m$〜$11^h 25^m$　　　　(2)　$11^h 25^m$〜$15^h 37^m$

(3)　$07^h 55^m$〜$15^h 37^m$　　　　(4)　$11^h 25^m$〜$18^h 48^m$

答　(3)

問 87 潮汐表によると，2月1日の関門海峡における潮流は，次表のとおりである。当日の午後，関門海峡において，西流が最強になる時刻及びその時の流速は，下の(1)～(4)のうちどれか。

+： 西流 W　　　−： 東流 E

	2 月				
	転 流 時		最	強	
	h	m	h	m	kn
			01	16	+ 4.4
	03	52	07	28	− 6.0
1	10	23	13	31	+ 4.7
	16	27	20	07	− 6.1
	23	23			

(1)　$13^h 31^m$……4.7 ノット　　　　(2)　$16^h 27^m$……4.7 ノット

(3)　$20^h 07^m$……6.1 ノット　　　　(4)　$23^h 23^m$……6.1 ノット

答　(1)

問 88 潮汐表によると，7月7日の東京湾湾口における潮流は，次表のとおりである。当日の午前，東京湾湾口において，北西流が最強になる時刻及びその時の流速は，下の(1)～(4)のうちどれか。

＋： 北西流 NW　　　－： 南東流 SE

	7 月				
	転 流 時		最		強
	h	m	h	m	kn
7	00	42	05	22	− 1.3
	08	32	11	35	＋ 1.0
	16	20	18	21	− 0.4
	20	16	22	48	＋ 0.6

(1)　$00^h 42^m$……1.3 ノット　　(2)　$05^h 22^m$……1.3 ノット
(3)　$08^h 32^m$……1.0 ノット　　(4)　$11^h 35^m$……1.0 ノット

答　(4)

【解説】潮汐表の潮流については，下図のようにグラフにしておくと利用しやすい。一例を示す。

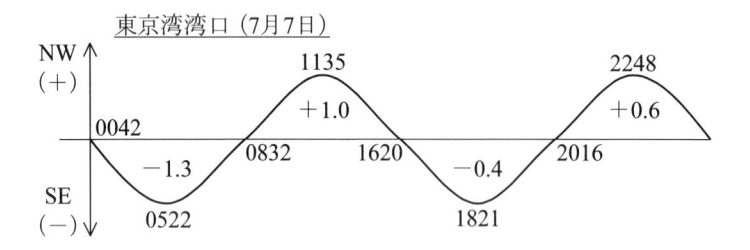

東京湾湾口（7月7日）

問 89 潮汐表によると，10月10日の関門海峡における潮流は，次表のとおりである。当日の昼間，西流が流れている時間帯を正しく示したものは，下の(1)～(4)のうちどれか。

	＋： 西流 W		－： 東流 E		
		10 月			
	転 流 時		最	強	
	h	m	h	m	kn
10	01	00	04	54	− 7.4
	07	54	11	05	＋ 5.8
	14	38	17	26	− 5.6
	20	00	22	56	＋ 4.5

(1) $04^h 54^m \sim 11^h 05^m$ 　　　　(2) $07^h 54^m \sim 11^h 05^m$
(3) $07^h 54^m \sim 14^h 38^m$ 　　　　(4) $14^h 38^m \sim 17^h 26^m$

答 (3)

問 90 潮汐表によると，8月25日の関門海峡における潮流は，次表のとおりである。この表について述べた次の枠内の(A)と(B)について，それぞれの正誤を判断し，下の(1)～(4)のうちからあてはまるものを選べ。

+： 西流 W　　　－： 東流 E

8 月				
転 流 時		最 強		
h	m	h	m	kn
01	25	04	15	− 5.4
06	47	09	45	+ 4.3
12	07	16	10	− 7.2
19	15	22	24	+ 5.5

(25 は左側欄)

(A)　当日の午後，東流から西流に変わる時刻は，16時10分である。

(B)　当日の午前の東流は，01時25分から06時47分までである。

(1)　(A)は正しく，(B)は誤っている。
(2)　(A)は誤っていて，(B)は正しい。
(3)　(A)も(B)も正しい。
(4)　(A)も(B)も誤っている。

答　(2)

【解説】(A)　19時15分である。

5 地文航法

> **問 91** クロス方位法で船位を求める場合の注意事項として適当でないものは，次のうちどれか。
> (1) 物標は2個よりも3個を選ぶほうがよい。
> (2) 物標はなるべく遠距離のものを選ぶ。
> (3) 方位を測るときは，速く正確に測る。
> (4) 船位を求めたときは，時刻を記入する。

答 (2)

【解説】 (2) 近距離ではっきりした物標を選ぶ。

> **問 92** 2つの物標によるクロス方位法で船位を求める場合，次の(1)〜(4)のうち最も精度がよいものはどれか。ただし，いずれの物標も海図上に明記してあり，それらの距離及び交角は良好な条件にあるものとする。
> (1) 灯台と灯柱　　　　　(2) 岬の突端と浮標
> (3) 導灯の重視線と灯台　(4) 灯柱と島頂

答 (3)

【解説】 (3) 重視線は精度が最も良い。

問 93　2 物標によりクロス方位法で船位を求める場合，最も適当な方位線の交角は，次のうちどれか。
(1)　30°　　(2)　60°　　(3)　90°　　(4)　150°

答　(3)

問 94　3 物標を自船の右げん側又は左げん側のどちらか一方に見て航行中，その 3 物標によりクロス方位法で船位を求める場合，隣り合った 2 つの方位線の交角が最も適当なものは，次のうちどれか。
(1)　30°　　(2)　45°　　(3)　60°　　(4)　90°

答　(3)

【解説】　2 物標により船位を求める場合の交角は 90°に近いものが望ましく，3 物標の場合，それぞれの交角が 60°に近くなるように選定するのがよい。

問 95　2 つの物標によるクロス方位法で船位を求める場合，次の(1)〜(4)のうち最も精度が悪いものはどれか。ただし，いずれの物標も海図上に明記してあり，それらの距離及び交角は良好な条件にあるものとする。
(1)　島頂と立標
(2)　なだらかな山頂と浮標
(3)　切り立った岬の突端とテレビ塔
(4)　速力試験用標柱のトランシット（重視線）と大煙突

答　(2)

【解説】　浮標はいつ移動するかわからないので利用しないこと。また，なだらかな山は，どこが山頂かわからない。

問 96 クロス方位法で船位を求める場合の物標として適当でないものは，次のうちどれか。
(1) 灯標　　(2) 浮標　　(3) 灯台　　(4) 立標

答 (2)

問 97 3 物標によりクロス方位法で船位を求めたとき，大きな三角形ができた。この場合の処置として適当でないものは，次のうちどれか。
(1) 三角形の中心を船位とする。
(2) コンパス誤差の加減に誤りがなかったかを確かめる。
(3) 物標を確認して方位測定をやりなおす。
(4) 3 物標の方位線の交角がそれぞれ 60°に近い物標を選んで測定しなおす。

答 (1)

【解説】 大きな三角形なので船位としては決定できない。(2)，(3)，(4)の方法を用い，やりなおすこと。

問 98 甲丸（速力 12 ノット）は，航行中，A 灯台を右 4 点に見てから同灯台を正横に見るまで 24 分かかった。A 灯台を正横に見たときの A 灯台までの距離は，次のうちどれか。
(1) 1.2 海里　　(2) 2.4 海里　　(3) 3.6 海里　　(4) 4.8 海里

答 (4)

【解説】 右図のように，A 灯台を 4 点に見て同灯台を正横に見るまで航走した距離 a が正横距離と等しい。ゆえに

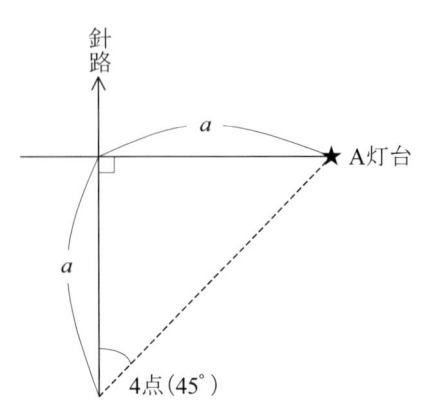

$$12 \times \frac{24分}{60分} = \underline{4.8海里}$$

問 99　四点方位法の利点について述べたものは，次のうちどれか。
(1)　直ちに船位が求められる。
(2)　風や海潮流に影響されない。
(3)　海図に記入しなくても物標までの正横距離がわかる。
(4)　停泊中でも船位が求められる。

答　(3)

問 100 四点方位法について述べた次の(A)と(B)について，それぞれの正誤を判断し，下の(1)〜(4)のうちからあてはまるものを選べ。

> (A) 1回目と2回目に測定した方位線のなす角度は，90°である。
> (B) 変針や変速を繰り返しても，求めた船位にはそれほど影響がない。

(1) (A)は正しく，(B)は誤っている。
(2) (A)は誤っていて，(B)は正しい。
(3) (A)も(B)も正しい。
(4) (A)も(B)も誤っている。

答 (4)

【解説】 (A) 角度は45°である。
　　　　 (B) 船位は大きく違ってしまう。
　　　　 (問 98 の【解説】の図を参照)

問 101 四点方位法で船位を求める場合の注意事項として適当なものは，次のうちどれか。
(1) 針路，速力を保持する。
(2) 2つの方位線の交角は，30°以上がよい。
(3) 物標は，近いものより遠いものを選ぶ。
(4) 物標は，1個よりも2個選ぶのがよい。

答 (1)

> **問 102** 速力試験用の 2 標柱間を航走して速力を求める場合の注意事項として適当でないものは,次のうちどれか。
> (1) 定められた針路で航走すること。
> (2) 潮流,風などの影響の少ないときに測定すること。
> (3) 時間を正確に測ること。
> (4) 2 標柱間を同一方向に数回航走して速力の平均を出すこと。

答 (4)

【解説】(4) 数回往復航走して平均する。

> **問 103** 甲丸は 15 海里の航程を 1 時間 15 分で航走した。この船の速力は,次のうちどれか。
> (1) 8 ノット　　　　(2) 10 ノット
> (3) 12 ノット　　　 (4) 15 ノット

答 (3)

【解説】 $15 \times \dfrac{60分}{75分} = \underline{\underline{12}}(ノット)$

> **問 104** 甲丸は,一定針路で航行中,乙灯台を正横に見てから丙山山頂を正横に見るまで 20 分かかった。海図上で測ったこの間の距離は,3.5 海里であった。甲丸の速力は,次のうちどれか。
> (1) 9.0 ノット　　　(2) 10.5 ノット
> (3) 12.0 ノット　　 (4) 13.5 ノット

答 (2)

【解説】 $3.5 \times \dfrac{60分}{20分} = \underline{\underline{10.5}}(ノット)$

問 105　図に示すように，A 船は磁針路 NE で航走し，甲岬に午前 11 時 45 分に並航後，そのままの針路，速力で続航，午後 0 時 30 分乙灯台に並航した。甲岬と乙灯台との距離を 6 海里とすれば，この船の速力は，次のうちどれか。

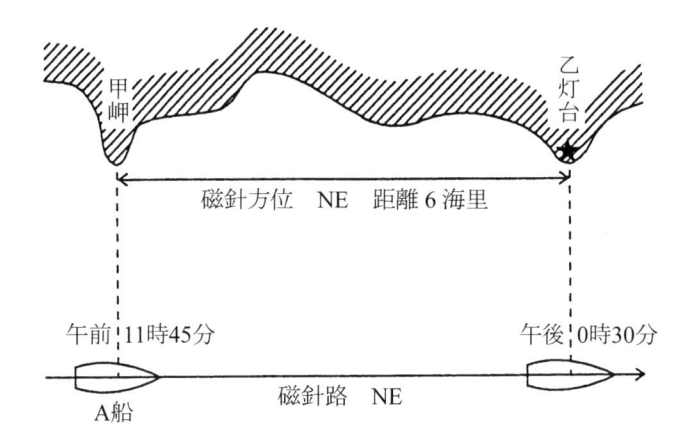

(1)　12 ノット　　(2)　10 ノット
(3)　9 ノット　　(4)　8 ノット

答　(4)

【解説】　$6 \times \dfrac{60 分}{45 分} = 8 (ノット)$

海図(No.15 または No.16)による船位, 針路および距離を求める問題について

① 船の針路および物標の方位などの測定に当たっては, 船の針路が<u>真針路</u>なのか<u>磁針路</u>なのか, また, 物標の方位が<u>真方位</u>なのか<u>磁針方位</u>なのかなど, よく確認のこと。
② 求めるべき答えの<u>方位</u>についても同じ。
③ 海図 No.15 と No.16 とでは, 距離尺がかなり違っていることに注意のこと。

問 106 試験用海図 No.15 の ⊕ の地点から白埼灯台の真西 10 海里の地点に至る磁針路は, 次のうちどれか。(この海図に引かれている緯度線, 経度線の間隔はそれぞれ 30′ である。)
(1) 044°　　(2) 053°　　(3) 059°　　(4) 065°

答 (3)

問 107 黒埼灯台及び青埼灯台の磁針方位をそれぞれ 056°, 325° に測定した。このときの船位は, 次のうちどれか。(試験用海図 No.15 使用, この海図に引かれている緯度線, 経度線の間隔はそれぞれ 30′ である。)
(1) 赤岬灯台から磁針方位 042°, 距離 17.7 海里
(2) 赤岬灯台から磁針方位 042°, 距離 20.5 海里
(3) 赤岬灯台から磁針方位 037°, 距離 17.7 海里
(4) 赤岬灯台から磁針方位 037°, 距離 20.5 海里

答 (1)

問 108 コンパスにより青埼灯台の磁針方位を 315°に測り，レーダーにより青埼東端までの距離を 7.5 海里に測定した。このときの船位は，次のうちどれか。（試験用海図 No.15 使用，この海図に引かれている緯度線，経度線の間隔はそれぞれ 30′である。）
(1) 黒埼灯台から磁針方位 225°，距離 10.7 海里
(2) 黒埼灯台から磁針方位 225°，距離 12.3 海里
(3) 黒埼灯台から磁針方位 230°，距離 10.7 海里
(4) 黒埼灯台から磁針方位 230°，距離 12.3 海里

答 (3)

問 109 次の A 地点から B 地点に至る距離は，下のうちどれか。（試験用海図 No.15 使用，この海図に引かれている緯度線，経度線の間隔はそれぞれ 30′である。）
　A 地点：甲埼灯台から磁針方位 215°，距離 5 海里
　B 地点：赤岬灯台の真南，距離 5 海里
(1) 42.5 海里　　(2) 44.5 海里
(3) 47.5 海里　　(4) 51.0 海里

答 (2)

問 110 試験用海図 No.15 の⊕の地点から黒埼灯台の真西 4 海里の地点まで直航する予定である。コンパスに 3.5°E の自差がある場合，とらなければならないコンパス針路は，次のうちどれか。（この海図に引かれている緯度線，経度線の間隔はそれぞれ 30′である。）
(1) 016.0°　(2) 018.5°　(3) 022.0°　(4) 025.5°

答 (2)

問 111 青埼灯台及び赤岬灯台の磁針方位をそれぞれ 325°，240°に測定した。このときの船位は，次のうちどれか。（試験用海図 No.15 使用，この海図に引かれている緯度線，経度線の間隔はそれぞれ 30′ である。）
(1) 黒埼灯台から磁針方位 206°，距離 15.2 海里
(2) 黒埼灯台から磁針方位 206°，距離 13.2 海里
(3) 黒埼灯台から磁針方位 211°，距離 15.2 海里
(4) 黒埼灯台から磁針方位 211°，距離 13.2 海里

答 (4)

問 112 試験用海図 No.15 の ⊕ の地点から黒埼灯台の真西 5 海里の地点に至る距離は，次のうちどれか。（この海図に引かれている緯度線，経度線の間隔はそれぞれ 30′ である。）
(1) 62.5 海里　　(2) 65.5 海里
(3) 68.0 海里　　(4) 70.0 海里

答 (2)

問 113 白埼灯台及び黄岬灯台の磁針方位をそれぞれ 220°，124°に測定した。このときの船位は，次のうちどれか。（試験用海図 No.15 使用，この海図に引かれている緯度線，経度線の間隔はそれぞれ 30′ である。）
(1) 北山山頂から磁針方位 158°，距離 14.2 海里
(2) 北山山頂から磁針方位 338°，距離 14.2 海里
(3) 北山山頂から磁針方位 158°，距離 16.4 海里
(4) 北山山頂から磁針方位 338°，距離 16.4 海里

答 (2)

問 114 緑埼無線標識局及び黄岬無線標識局の無線方位(真方位)をそれぞれ 175°, 254° に測定した。このときの船位は,次のうちどれか。(試験用海図 No.15 使用,この海図に引かれている緯度線,経度線の間隔はそれぞれ 30′ である。)

(注:上記無線方位は,方位誤差改正済みである。)
(1) 中島灯台から真方位 050°,距離 16.5 海里
(2) 中島灯台から真方位 050°,距離 19.0 海里
(3) 中島灯台から真方位 230°,距離 16.5 海里
(4) 中島灯台から真方位 230°,距離 19.0 海里

答 (3)

問 115 試験用海図 No.15 の ⊕ の地点から月埼灯台の真南 5 海里の地点に至る距離は,次のうちどれか。(この海図に引かれている緯度線,経度線の間隔はそれぞれ 30′ である。)
(1) 32.5 海里 (2) 35.5 海里 (3) 40.5 海里 (4) 71.0 海里

答 (2)

問 116 日埼灯台と馬島夏山山頂(627)の磁針方位をそれぞれ 009°, 102° に測定した。このときの船位は,次のうちどれか。(試験用海図 No.15 使用,この海図に引かれている緯度線,経度線の間隔はそれぞれ 30′ である。)
(1) 星岬灯台から磁針方位 127°,距離 12.5 海里
(2) 星岬灯台から磁針方位 132°,距離 12.5 海里
(3) 星岬灯台から磁針方位 127°,距離 14.5 海里
(4) 星岬灯台から磁針方位 132°,距離 14.5 海里

答 (2)

問 117　次の A 地点から B 地点に至る磁針路と距離は，下のうちどれか。（試験用海図 No.15 使用，この海図に引かれている緯度線，経度線の間隔はそれぞれ 30′ である。）
　　A 地点：小島灯台から磁針方位 270°，距離 6 海里
　　B 地点：浜埼灯台から磁針方位 180°，距離 10 海里
　(1)　034°，66.0 海里　　　　(2)　034°，76.0 海里
　(3)　039°，66.0 海里　　　　(4)　039°，76.0 海里

答　(3)

問 118　試験用海図 No.15 の⊕の地点から浜埼灯台を左げん正横 5 海里で航過するための磁針路は，次のうちどれか。（この海図に引かれている緯度線，経度線の間隔はそれぞれ 30′ である。）
　(1)　029°　　(2)　035°　　(3)　041°　　(4)　047°

答　(4)

問 119　試験用海図 No.15 の⊕の地点から赤岬灯台の真東 6 海里の地点に至る磁針路と距離は，次のうちどれか。（この海図に引かれている緯度線，経度線の間隔はそれぞれ 30′ である。）
　(1)　013°，42.3 海里　　　　(2)　018°，42.3 海里
　(3)　013°，48.5 海里　　　　(4)　018°，48.5 海里

答　(2)

航 海　61

問 120　試験用海図 No.15 の ⊕ の地点から鹿島灯台を右げん正横 10 海里で航過するための磁針路は，次のうちどれか。（この海図に引かれている緯度線，経度線の間隔はそれぞれ 30′ である。）
(1)　305°　　(2)　311°　　(3)　320°　　(4)　351°

答　(2)

問 121　次の A 地点から B 地点に至る磁針路と距離は，下のうちどれか。（試験用海図 No.15 使用，この海図に引かれている緯度線，経度線の間隔はそれぞれ 30′ である。）
　A 地点：中島灯台の真南 5 海里
　B 地点：白埼灯台から磁針方位 000°，距離 10 海里
(1)　265°，46.5 海里　　(2)　265°，53.5 海里
(3)　271°，46.5 海里　　(4)　271°，53.5 海里

答　(3)

問 122　試験用海図 No.15 の ⊕ の地点から甲埼灯台の真南 3 海里の地点に至る距離は，次のうちどれか。（この海図に引かれている緯度線，経度線の間隔はそれぞれ 30′ である。）
(1)　42 海里　　(2)　45 海里　　(3)　48 海里　　(4)　51 海里

答　(1)

問 123　試験用海図 No.16 の ⊕ の地点から鶴岬灯台の真西 4 海里の地点に至る磁針路は，次のうちどれか。（この海図に引かれている緯度線，経度線の間隔はそれぞれ 10′ である。）
(1)　001°　　(2)　005°　　(3)　356°　　(4)　358°

答　(2)

問 124　中埼灯台及び下埼灯台の磁針方位をそれぞれ 165°, 068° に測定した。このときの船位は，次のうちどれか。（試験用海図 No.16 使用，この海図に引かれている緯度線，経度線の間隔はそれぞれ 10′ である。）
(1)　梅岬灯台から磁針方位 083°, 距離 4.3 海里
(2)　梅岬灯台から磁針方位 090°, 距離 4.3 海里
(3)　梅岬灯台から磁針方位 090°, 距離 5.6 海里
(4)　梅岬灯台から磁針方位 083°, 距離 5.6 海里

答　(2)

問 125　試験用海図 No.16 の ⊕ の地点から上埼灯台の真東 4 海里の地点に至る磁針路は，次のうちどれか。（この海図に引かれている緯度線，経度線の間隔はそれぞれ 10′ である。）
(1)　347°　　(2)　349°　　(3)　352°　　(4)　354°

答　(4)

問 126　鶴岬灯台の真北，距離 3 海里の A 地点から磁針路 307° で航走した。この海域には風や海潮流の影響がないものとして，A 地点から長埼灯台が正横になるまでの距離は，次のうちどれか。（試験用海図 No.16 使用，この海図に引かれている緯度線，経度線の間隔はそれぞれ 10′ である。）
(1)　17.3 海里　　　　(2)　19.6 海里
(3)　23.0 海里　　　　(4)　25.7 海里

答　(2)

|問| 127　レーダーにより前島東端及び津島南端までのレーダー距離をそれぞれ 8.7 海里，5.4 海里に測定した。このときの船位は，次のうちどれか。（試験用海図 No.16 使用，この海図に引かれている緯度線，経度線の間隔はそれぞれ 10′ である。）
　(1)　長埼灯台から真方位 135°，距離 6.6 海里
　(2)　長埼灯台から真方位 135°，距離 8.7 海里
　(3)　長埼灯台から真方位 142°，距離 6.6 海里
　(4)　長埼灯台から真方位 142°，距離 8.7 海里

|答|　(1)

|問| 128　コンパスにより，津島灯台の磁針方位を 350° に測り，レーダーにより津島南東端の距離を 5.0 海里に測定した。このときの船位は，次のうちどれか。（試験用海図 No.16 使用，この海図に引かれている緯度線，経度線の間隔はそれぞれ 10′ である。）
　(1)　竹岬灯台から磁針方位 237°，距離 5.0 海里
　(2)　竹岬灯台から磁針方位 237°，距離 6.6 海里
　(3)　竹岬灯台から磁針方位 244°，距離 5.0 海里
　(4)　竹岬灯台から磁針方位 244°，距離 6.6 海里

|答|　(3)

問 129 犬埼無線標識局及び鳥埼無線標識局の無線方位（真方位）をそれぞれ 130°，235° に測定した。このときの船位は，次のうちどれか。（試験用海図 No.16 使用，この海図に引かれている緯度線，経度線の間隔はそれぞれ 10′である。）

(注：上記無線方位は，方位誤差改正済みである。)

(1)　上埼灯台から磁針方位 015°，距離 8.7 海里
(2)　上埼灯台から磁針方位 015°，距離 11.4 海里
(3)　上埼灯台から磁針方位 008°，距離 8.7 海里
(4)　上埼灯台から磁針方位 008°，距離 11.4 海里

答　(1)

問 130 試験用海図 No.16 の ⊕ の地点から馬埼灯台の真東 5 海里の地点に至る磁針路は，次のうちどれか。（この海図に引かれている緯度線，経度線の間隔はそれぞれ 10′である。）

(1)　005°　　(2)　350°　　(3)　357°　　(4)　358°

答　(1)

問 131 レーダーにより，津島南東端及び桜島南西端までのレーダー距離をそれぞれ 7.2 海里，8.0 海里に測定した。このときの船位は，次のうちどれか。（試験用海図 No.16 使用，この海図に引かれている緯度線，経度線の間隔はそれぞれ 10′である。）

(1)　竹岬灯台から真方位 219°，距離 6.4 海里
(2)　竹岬灯台から真方位 219°，距離 8.4 海里
(3)　竹岬灯台から真方位 226°，距離 6.4 海里
(4)　竹岬灯台から真方位 226°，距離 8.4 海里

答　(1)

問 132　鳥埼灯台及び上埼灯台の磁針方位をそれぞれ 273°, 190° に測定した。このときの船位は，次のうちどれか。（試験用海図 No.16 使用，この海図に引かれている緯度線，経度線の間隔はそれぞれ 10′ である。）
(1)　月山山頂から磁針方位 055°, 距離 5.5 海里
(2)　月山山頂から磁針方位 055°, 距離 7.2 海里
(3)　月山山頂から磁針方位 062°, 距離 5.5 海里
(4)　月山山頂から磁針方位 062°, 距離 7.2 海里

答　(3)

問 133　試験用海図 No.16 の ⊕ の地点を発し，梅岬灯台から真方位 045°, 距離 3.2 海里の地点に至る磁針路は，次のうちどれか。（この海図に引かれている緯度線，経度線の間隔はそれぞれ 10′ である。）
(1)　301°　　(2)　303°　　(3)　308°　　(4)　310°

答　(4)

問 134　次の A 地点から B 地点に至る磁針路と距離は，下のうちどれか。（試験用海図 No.16 使用，この海図に引かれている緯度線，経度線の間隔はそれぞれ 10′ である。）
　A 地点：犬埼灯台の真南 3 海里
　B 地点：鳥埼灯台から磁針方位 030°, 距離 3 海里
(1)　303°, 19.1 海里　　(2)　303°, 25.0 海里
(3)　310°, 19.1 海里　　(4)　310°, 25.0 海里

答　(3)

問 135 試験用海図 No.16 の⊕の地点から馬埼灯台を左げん正横 5 海里で航過するための磁針路は，次のうちどれか。(この海図に引かれている緯度線，経度線の間隔はそれぞれ 10′ である。)
(1)　344°　　(2)　358°　　(3)　005°　　(4)　011°

答 (3)

問 136 次の A 地点から B 地点に至る磁針路と距離は，下のうちどれか。(試験用海図 No.16 使用，この海図に引かれている緯度線，経度線の間隔はそれぞれ 10′ である。)
　A 地点：沖ノ島灯台の真北 4 海里
　B 地点：犬埼灯台から磁針方位 125°，距離 5 海里
(1)　003°，15.2 海里　　　(2)　003°，19.8 海里
(3)　044°，13.0 海里　　　(4)　044°，17.0 海里

答 (3)

問 137 レーダーにより長埼南端を真方位 345° 距離 5 海里に測定した。このときの船位は，次のうちどれか。(試験用海図 No.16 使用，この海図に引かれている緯度線，経度線の間隔はそれぞれ 10′ である。)
(1)　前島灯台から真方位 091°，距離 5.5 海里
(2)　前島灯台から真方位 091°，距離 7.2 海里
(3)　前島灯台から真方位 098°，距離 5.5 海里
(4)　前島灯台から真方位 098°，距離 7.2 海里

答 (1)

6 電波航法

問 138 下図はレーダースコープ上に現れた物標Aと物標Bの映像を示す。この場合，これらの物標の映像を利用して船位を求める次の方法のうち，適当でないものはどれか。

(1) Aの方位とAまでの距離による。
(2) Aの方位とBの方位による。
(3) Aの方位とBまでの距離による。
(4) Bの方位とBまでの距離による。

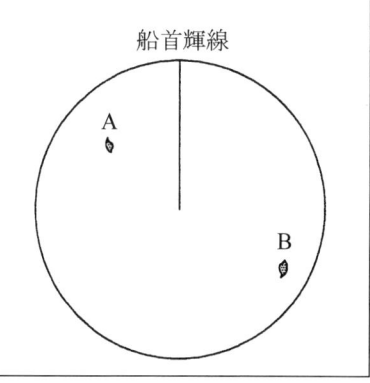

答 (2)

【解説】 レーダーは本来，距離を測定する機器であり，方位測定はできるだけ避けること。

問 139 下図はレーダースコープ上に現れた物標 A と物標 B の映像を示す。この場合,これらの物標の映像を利用して船位を求める次の方法のうち,適当でないものはどれか。

(1) A の方位と A までの距離による。
(2) B の方位と B までの距離による。
(3) A の方位と B までの距離による。
(4) A までの距離と B までの距離による。

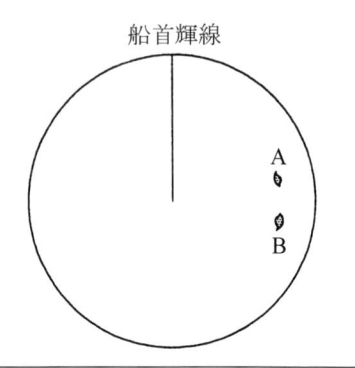

答 (3)

問 140 レーダーによって船位を求める次の方法のうち,一般に,船位の精度が最もよいものはどれか。
(1) 2 物標のレーダー方位による方法
(2) 2 物標のレーダー距離による方法
(3) 1 物標のレーダー方位とレーダー距離による方法
(4) 1 物標の視認によるコンパス方位とレーダー距離による方法

答 (4)

問 141 レーダーによって船位を求める場合の注意事項を述べた次の(A)と(B)について，それぞれの正誤を判断し，下の(1)〜(4)のうちからあてはまるものを選べ。

> (A) 一般にレーダー距離よりもレーダー方位を使用するほうがよい。
> (B) 利用する物標は強い反射体のものがよい。

(1) (A)は正しく，(B)は誤っている。
(2) (A)は誤っていて，(B)は正しい。
(3) (A)も(B)も正しい。
(4) (A)も(B)も誤っている。

答 (2)

問 142 レーダーによって船位を求める場合の注意事項を述べた次の(A)と(B)について，それぞれの正誤を判断し，下の(1)〜(4)のうちからあてはまるものを選べ。

> (A) レーダーで物標の方位を測定すると船位の精度がよくない。
> (B) レーダーで物標までの距離を測定すると船位の精度がよい。

(1) (A)は正しく，(B)は誤っている。
(2) (A)は誤っていて，(B)は正しい。
(3) (A)も(B)も正しい。
(4) (A)も(B)も誤っている。

答 (3)

問 143 レーダーにより船位を求める場合，利用する物標として適当でないものは，次のうちどれか。
(1) 切り立った海岸
(2) 内陸の山頂
(3) 急傾斜で突き出している岬
(4) 孤立した小さな島

答 (2)

運　用

1 船舶の構造，設備及び復原性

> **問 1** 次の鋼船の船体主要部分のうち，船体の縦方向の強度を保つ最も重要な部材はどれか。
> (1) キール　　　　(2) フレーム
> (3) ビーム　　　　(4) 船首材

答 (1)

【解説】(2) フレームは横強度材である。
　　　　(3) ビームは横強度材であるとともに甲板を支える部材である。
　　　　(4) 船首材は波による外板やフレームの損傷を防ぐ。

> **問 2** 次の鋼船の船体主要部分のうち，船体の横方向の強度を保つ最も重要な部材はどれか。
> (1) ピラー　　　　(2) キール
> (3) フレーム　　　(4) 外板

答 (3)

【解説】(1) ピラーは主に甲板上部の荷重を支える。
　　　　(4) 外板は縦横強力材である。

問 3 次の鋼船の船体主要部分のうち，主として甲板を支える部材はどれか。
(1) キール　　(2) 船尾骨材　　(3) ビーム　　(4) 外板

答 (3)

【解説】(2) 船尾骨材は，キールの後端と接合され，外板を結合して船尾部を構成する主材である。また，舵と推進器を支持する。

問 4 鋼船の主要部分である「フレーム」について述べた次の(A)と(B)について，それぞれの正誤を判断し，下の(1)〜(4)のうちからあてはまるものを選べ。

(A) 船の全長を通じ，船底から船側にかけて一定の間隔で配列されている。
(B) 船体の外殻で海水の浸入を防ぎ，船体に浮力を与える。

(1) (A)は正しく，(B)は誤っている。
(2) (A)は誤っていて，(B)は正しい。
(3) (A)も(B)も正しい。
(4) (A)も(B)も誤っている。

答 (1)

【解説】(B)は，フレームではなく，外板について述べたものである。

問 5　船首喫水 3.00 メートル，船尾喫水 5.00 メートル，平均喫水 4.00 メートルで浮かんでいる船のトリムは，次のうちどれか。
(1)　1.00 メートルのおもてあし
(2)　1.00 メートルのともあし
(3)　2.00 メートルのおもてあし
(4)　2.00 メートルのともあし

答　(4)

【解説】　トリムとは，船首喫水と船尾喫水の差をいい
　　　　　船尾喫水＞船首喫水のとき，ともあし
　　　　　船尾喫水＜船首喫水のとき，おもてあし
　　　　　船尾喫水＝船首喫水のとき，ひらあし
　　　　という。

問 6　船首喫水 4.00 メートルで，2.00 メートルのともあしで浮かんでいる船の船尾喫水は，次のうちどれか。
(1)　2.00 メートル　　(2)　3.00 メートル
(3)　5.00 メートル　　(4)　6.00 メートル

答　(4)

【解説】　船首喫水　4.00 メートル
　　　　　ともあし　2.00 メートル（＋
　　　　　船尾喫水　6.00 メートル

問 7　船のトリムを表す用語として適当でないものは，次のうちどれか。
(1)　おもてあし　　(2)　ともあし
(3)　なかあし　　　(4)　ひらあし

答　(3)

問 8 ロープについて述べた次の(A)と(B)について，それぞれの正誤を判断し，下の(1)〜(4)のうちからあてはまるものを選べ。

> (A) ロープは，過度に折り曲げるとその強度は減ずる。
> (B) ロープ一丸の長さは通常，200メートルである。

(1) (A)は正しく，(B)は誤っている。
(2) (A)は誤っていて，(B)は正しい。
(3) (A)も(B)も正しい。
(4) (A)も(B)も誤っている。

答 (3)

問 9 ロープについて述べた次の(A)と(B)について，それぞれの正誤を判断し，下の(1)〜(4)のうちからあてはまるものを選べ。

> (A) 合成繊維ロープは，ぬれると伸びる。
> (B) 合成繊維ロープは，摩擦熱に弱い。

(1) (A)は正しく，(B)は誤っている。
(2) (A)は誤っていて，(B)は正しい。
(3) (A)も(B)も正しい。
(4) (A)も(B)も誤っている。

答 (2)

【解説】 (A) 合成繊維ロープは，ぬれると縮む。

運　用　77

問 10　船体の安定を保つための処置について述べた次の(A)と(B)について，それぞれの正誤を判断し，下の(1)〜(4)のうちからあてはまるものを選べ。

>　(A)　甲板上の排水口を掃除しておく。
>　(B)　吸湿性の高い甲板積み貨物には，カバーをする。

(1)　(A)は正しく，(B)は誤っている。
(2)　(A)は誤っていて，(B)は正しい。
(3)　(A)も(B)も正しい。
(4)　(A)も(B)も誤っている。

答　(3)
【解説】(A)，(B)とも，これを怠るとトップヘビーの原因となる。

問 11　船の状態と，それに対する復原力の大小について述べた次の(A)と(B)について，それぞれの正誤を判断し，下の(1)〜(4)のうちからあてはまるものを選べ。

>　(A)　マストやハンドレールなどに多量の着氷がある場合は，復原力は小さくなる。
>　(B)　転舵したとき，船体がいつもより大きく傾く場合は，復原力は大きい。

(1)　(A)は正しく，(B)は誤っている。
(2)　(A)は誤っていて，(B)は正しい。
(3)　(A)も(B)も正しい。
(4)　(A)も(B)も誤っている。

答　(1)
【解説】(A)　その通りで，トップヘビーとなり復原力が小さくなる。
　　　　(B)　復原力が小さいと大きく傾く。

問 12 船の状態と，それに対する復原力の大小について述べた次の(A)と(B)について，それぞれの正誤を判断し，下の(1)～(4)のうちからあてはまるものを選べ。

> (A) 横揺れ周期が長い場合は，復原力は小さい。
> (B) 片げんから強い風を受けてもあまり傾斜しない場合は，復原力は大きい。

(1) (A)は正しく，(B)は誤っている。
(2) (A)は誤っていて，(B)は正しい。
(3) (A)も(B)も正しい。
(4) (A)も(B)も誤っている。

答 (3)

問 13 船体の安定について述べた次の(A)と(B)について，それぞれの正誤を判断し，下の(1)～(4)のうちからあてはまるものを選べ。

> (A) 横揺れがゆっくりのときは，復原力は十分である。
> (B) ボトムヘビーの状態の船は，トップヘビーの船に比べ大舵をとっても危険が少ない。

(1) (A)は正しく，(B)は誤っている。
(2) (A)は誤っていて，(B)は正しい。
(3) (A)も(B)も正しい。
(4) (A)も(B)も誤っている。

答 (2)

【解説】 (A) 横揺れがゆっくりのときは，復原力が小さい。
(B) トップヘビーの船と比べて，復原力は大きい。

問 14 復原力を確保するための処置について述べた次の文のうち,誤っているものはどれか。
(1) 必要な乾げんが保てるように貨物を積み付ける。
(2) 貨物が移動しないよう固縛する。
(3) 各開口部を密閉する。
(4) 清水は各タンク平均に使用する。

答 (4)

【解説】(4)のようにハーフタンクにしておくと,船の動揺等により船の重心が上がる。故に,清水タンクは,満タンか空のほうが復原力を確保するには良い。

問 15 揚びょう機(ウインドラス)の手入れをするときに,注油してはならない箇所は,次のうちどれか。
(1) ブレーキハンドル　　(2) クラッチ
(3) 歯車　　　　　　　　(4) ブレーキバンド

答 (4)

問 16 揚びょう機(ウインドラス)の取扱いと保存手入れについて述べた次の文のうち,誤っているものはどれか。
(1) 滑動部には,ときどき注油しておく。
(2) ブレーキバンドに油が付かないように注意する。
(3) 制鎖器(コントローラー)で止めたらブレーキバンドはゆるめておく。
(4) 使用しないときは,カバーをかけておく。

答 (3)

【解説】 (3) 制鎖器で止めてもブレーキはつねに締めておく。

問 17 右図は，船舶で使用されるいかりの一例を示す。このいかりについて述べた次の(A)と(B)について，それぞれの正誤を判断し，下の(1)〜(4)のうちからあてはまるものを選べ。

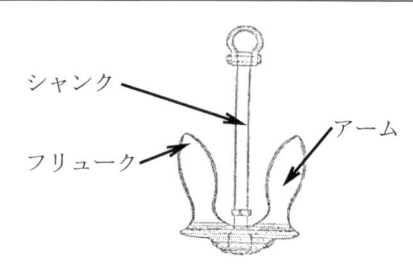

シャンク
アーム
フリューク

(A) このいかりの種類はストックレスアンカーといい，ストックアンカーと比べてびょう鎖がいかりに絡みにくい。
(B) 投びょう後このいかりを引くと，アームとシャンクが開き，フリュークが海底に食い込むようになっている。

(1) (A)は正しく，(B)は誤っている。
(2) (A)は誤っていて，(B)は正しい。
(3) (A)も(B)も正しい。
(4) (A)も(B)も誤っている。

答 (3)

問 18 びょう鎖1節の長さの標準は，おおよそどのくらいか。次のうちから選べ。
(1) 5メートル   (2) 10メートル
(3) 15メートル   (4) 25メートル

答 (4)

問 19 びょう鎖第3節目のマークのつけ方は，次のうちどれか。

← アンカーへ　　　　　　　　　　　　ウインドラスへ →

(1)
(2)
(3)
(4)

（塗りつぶしたリンクのスタッドに，シージングワイヤを巻きつけて，ペイントを塗る。）

答 (3)

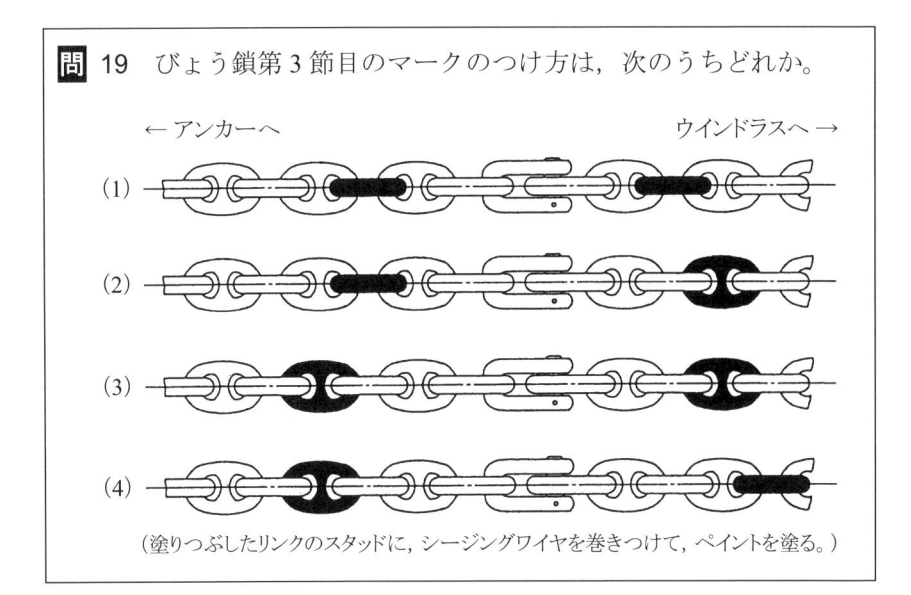

【解説】 エンドリンクの次から数えて左右とも3つ目のリンク。

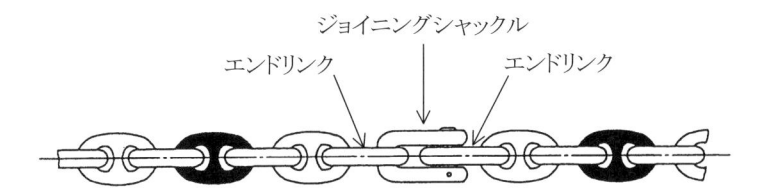

ジョイニングシャックル
エンドリンク　　エンドリンク

2 当　直

問 20　航行中の事故を防止するうえで大切な要素である「見張り」について述べた次の文のうち，適当でないものはどれか。
(1)　双眼鏡の調整の良否は見張り能力に影響することが大きいから，よく調整を行う。
(2)　距離の目測になれるように，機会あるごとに練習に努める。
(3)　夜間の見張りを行う前には，なるべく暗い所で目をならしてから行う。
(4)　霧中の見張りにおいては，レーダーによる見張りに専念する。

答　(4)

【解説】　(4)　レーダーによる見張りに専念するばかりでなく，五感を働かせ船外にも注意を払う。

問 21　航海士が航海当直中に行うこととして適当でないものは，次のうちどれか。
(1)　見張りを行うこと。
(2)　現在使用中の海図を整理し，または改補をすること。
(3)　船位を測定すること。
(4)　指示された針路を保持すること。

答　(2)

問 22 沿岸航行中の当直航海士の職務について述べた次の(A)と(B)について，それぞれの正誤を判断し，下の(1)～(4)のうちからあてはまるものを選べ。

> (A) 海図を整理し，または小改正を行うこと。
> (B) 見張りを行い，船位の測定をすること。

(1) (A)は正しく，(B)は誤っている。
(2) (A)は誤っていて，(B)は正しい。
(3) (A)も(B)も正しい。　　(4) (A)も(B)も誤っている。

答 (2)

【解説】 (A) 海図の整理，改補は，船の停泊時など，航行していないときを選び行うこと。

問 23 当直を引き継ぐ場合の注意事項を述べた次の(A)と(B)について，それぞれの正誤を判断し，下の(1)～(4)のうちからあてはまるものを選べ。

> (A) 変針点で変針中に交代時間となったときは，現在どの方向へどれだけ舵をとっているか，次にとるべき針路は何度かを確実に伝えて引き継ぐ。
> (B) 次の当直者が，引継事項を完全に理解し，引き継ぎを承諾してからでないと交代時間が過ぎても交代するべきではない。

(1) (A)は正しく，(B)は誤っている。
(2) (A)は誤っていて，(B)は正しい。
(3) (A)も(B)も正しい。　　(4) (A)も(B)も誤っている。

答 (2)

【解説】 (A) 変針が終了し，定針してから引き継ぐこと。

問 24　当直を引き継ぐ場合の注意事項を述べた次の文のうち，<u>適当でないもの</u>はどれか。
(1)　変針点で変針中は，変針舵角及び次の針路を確実に伝えて引き継ぐ。
(2)　引継中は，常に周囲の状況に注意しながら行う。
(3)　次の当直者が，引継事項を完全に理解し，引継を承諾してから交代する。
(4)　他船を避航中は，避航が終了し，不安が解消した後に引き継ぐ。

答　(1)

問 25　航海日誌記入上の注意を述べた次の(A)と(B)について，それぞれの<u>正誤を判断</u>し，下の(1)～(4)のうちからあてはまるものを選べ。

(A)　記事は慣用されている略語を使用してよい。
(B)　記事の訂正は原字体がわかるように線を引き訂正し，その上に署名しておく。

(1)　(A)は正しく，(B)は誤っている。
(2)　(A)は誤っていて，(B)は正しい。
(3)　(A)も(B)も正しい。
(4)　(A)も(B)も誤っている。

答　(3)

問 26　船用航海日誌の記入心得を述べた次の(A)と(B)について，それぞれの正誤を判断し，下の(1)～(4)のうちからあてはまるものを選べ。

> (A)　記事は，気の付いたときに記入するもので，記載順序は決まっていない。
> (B)　記事を書き損じた場合，見えないように塗りつぶしてその上の空白部に正しい記事を記入する。

(1)　(A)は正しく，(B)は誤っている。
(2)　(A)は誤っていて，(B)は正しい。
(3)　(A)も(B)も正しい。
(4)　(A)も(B)も誤っている。

答　(4)

問 27　船用航海日誌への記載事項のうち，適当でないものは，次のうちどれか。
(1)　他船の通過時刻
(2)　発着港名とその時刻
(3)　機関使用の時間
(4)　針路決定，針路変更の時刻

答　(1)

3 気象及び海象

問 28 下図は，日本付近を通る温帯低気圧の一例の略図である。図中の矢印で示す前線は，何という前線か。右のうちから選べ。

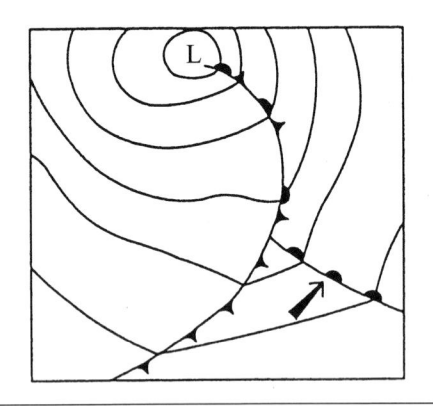

(1) 温暖前線
(2) 寒冷前線
(3) 閉そく前線
(4) 停滞前線

答 (1)

問 29　下図は，日本付近を通る温帯低気圧の一例の略図である。図中の矢印で示す前線は，何という前線か。右のうちから選べ。

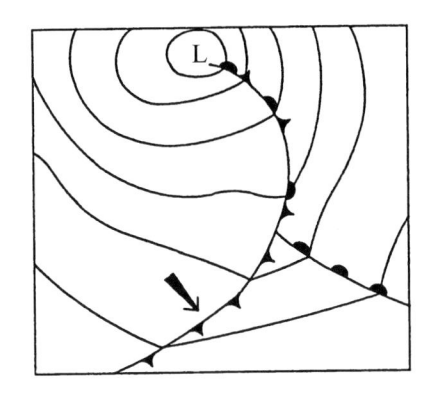

(1)　温暖前線
(2)　寒冷前線
(3)　閉そく前線
(4)　停滞前線

答　(2)

問 30　停滞前線を示す天気図記号は，次のうちどれか。

(1)
(2)
(3)
(4)

答　(1)

【解説】(2)　寒冷前線
　　　　(3)　温暖前線
　　　　(4)　閉そく前線

問 31　下図は，日本付近を通る温帯低気圧の一例の略図である。図中の矢印で示す前線は，何という前線か。右のうちから選べ。

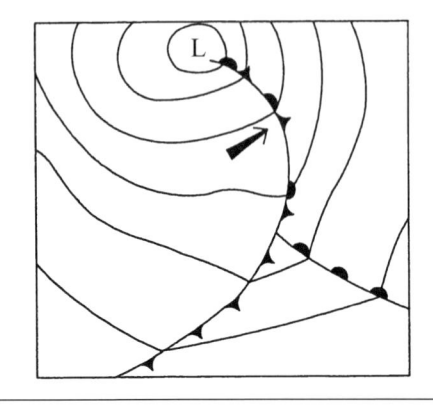

(1)　温暖前線
(2)　寒冷前線
(3)　閉そく前線
(4)　停滞前線

答　(3)

問 32　寒冷前線を示す天気図記号は，次のうちどれか。

答　(2)

運　用　**89**

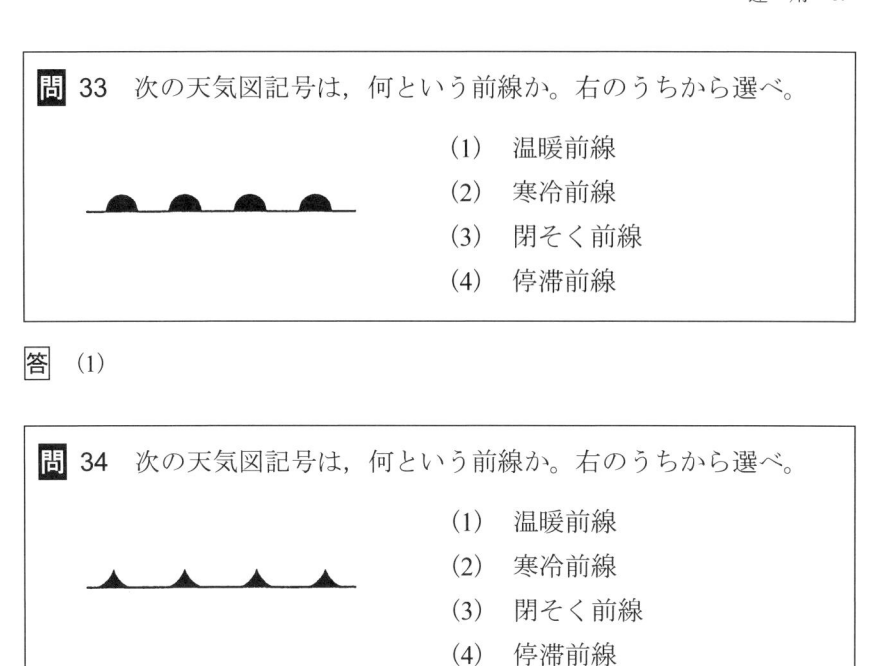

問 33　次の天気図記号は，何という前線か。右のうちから選べ。

(1)　温暖前線
(2)　寒冷前線
(3)　閉そく前線
(4)　停滞前線

答　(1)

問 34　次の天気図記号は，何という前線か。右のうちから選べ。

(1)　温暖前線
(2)　寒冷前線
(3)　閉そく前線
(4)　停滞前線

答　(2)

問 35　次の天気図記号は，何という前線か。右のうちから選べ。

(1)　温暖前線
(2)　寒冷前線
(3)　閉そく前線
(4)　停滞前線

答　(3)

問 36 日本付近の高気圧について述べた次の文のうち,正しいものはどれか。
(1) 高気圧の域内の天気は,あまり良くない。
(2) 風が中心部から外側へ向かって右回りに吹き出している。
(3) 風が外側から中心部へ向かって左回りに吹き込んでいる。
(4) 高気圧の域内では,一般に風が強い。

答 (2)

問 37 日本付近の高気圧について述べた次の文のうち,正しいものはどれか。
(1) シベリア高気圧は,暖かい高気圧である。
(2) 小笠原高気圧は,ほとんど一年中日本上空に張り出している。
(3) シベリア高気圧は,冬期には日本に張り出してくる。
(4) オホーツク海高気圧は,真冬になると日本の上空に張り出してくる。

答 (3)

問 38 日本付近の高気圧について述べた次の(A)と(B)について,それぞれの正誤を判断し,下の(1)〜(4)のうちからあてはまるものを選べ。

(A) シベリア高気圧は,冬期には日本に張り出してくる。
(B) オホーツク海高気圧は,真夏になると日本の上空に張り出してくる。

(1) (A)は正しく,(B)は誤っている。
(2) (A)は誤っていて,(B)は正しい。
(3) (A)も(B)も正しい。　　(4) (A)も(B)も誤っている。

答 (1)
【解説】(B) 梅雨のころ日本の北方から南へ張り出してくる。

問 39 日本付近の高気圧について述べた次の(A)と(B)について，それぞれの正誤を判断し，下の(1)～(4)のうちからあてはまるものを選べ。

> (A) 風が中心部から外側へ向かって右回りに吹き出している。
> (B) 高気圧の域内では，一般に風が弱く天気が良い。

(1) (A)は正しく，(B)は誤っている。
(2) (A)は誤っていて，(B)は正しい。
(3) (A)も(B)も正しい。　　　(4) (A)も(B)も誤っている。

答 (3)

問 40 温暖で多湿な高気圧は，次のうちどれか。
(1) オホーツク海高気圧　　(2) シベリア高気圧
(3) 小笠原高気圧　　　　　(4) 移動性高気圧

答 (3)

【解説】(1) 寒冷で多湿　　(2) 寒冷で乾燥　　(4) 温暖でわりあい乾燥

問 41 日本付近に来襲する温帯低気圧について述べた次の(A)と(B)について，それぞれの正誤を判断し，下の(1)～(4)のうちからあてはまるものを選べ。

> (A) 低気圧の中心では風雨がおさまり，青空が見える。
> (B) 2つの前線を伴うことが多い。

(1) (A)は正しく，(B)は誤っている。
(2) (A)は誤っていて，(B)は正しい。
(3) (A)も(B)も正しい。　　　(4) (A)も(B)も誤っている。

答 (2)

問 42　日本付近の温帯低気圧について述べた次の(A)と(B)について，それぞれの正誤を判断し，下の(1)～(4)のうちからあてはまるものを選べ。

　(A)　風が外側から中心部へ向かって右回りに吹き込んでいる。
　(B)　前線を伴うことが多い。

(1)　(A)は正しく，(B)は誤っている。
(2)　(A)は誤っていて，(B)は正しい。
(3)　(A)も(B)も正しい。　　(4)　(A)も(B)も誤っている。

答　(2)

【解説】　(A)　左回りに吹き込んでいる。

問 43　日本付近の温帯低気圧について述べた次の文のうち，正しいものはどれか。
(1)　風が中心部から外側へ向かって吹き出している。
(2)　風が外側から中心部へ向かって右回りに吹き込んでいる。
(3)　中心付近は天気が良い。　　(4)　前線を伴うことが多い。

答　(4)

問 44　前線について述べた次の文のうち，誤っているものはどれか。
(1)　前線が近づいてくると，天気が次第に悪くなる。
(2)　温帯低気圧は，通常，温暖前線と寒冷前線を伴う。
(3)　温暖前線が通過するときは，強い突風が吹くことが多い。
(4)　寒冷前線が通過するときは，突風が吹いたり，にわか雨が降ることが多い。

答　(3)

問 45　気象に関して述べた次の(A)と(B)について，それぞれの正誤を判断し，下の(1)～(4)のうちからあてはまるものを選べ。

> (A)　大気の標準気圧は約1013ヘクトパスカルであって，これより気圧が低いところを低気圧といい，気圧が高いところを高気圧という。
> (B)　シベリア高気圧（大陸高気圧）から吹き出す風は，暖かい風である。

(1)　(A)は正しく，(B)は誤っている。
(2)　(A)は誤っていて，(B)は正しい。
(3)　(A)も(B)も正しい。
(4)　(A)も(B)も誤っている。

答　(4)

【解説】(A)　（標準気圧は1013ヘクトパスカルで正しいが）低気圧とは，周囲の地域より気圧の低いところをいう。また，周囲の地域より気圧の高いところを高気圧という。
　　　　(B)　シベリア高気圧から吹き出す風は，冷たい風である。

問 46　気象に関する次の文のうち，正しいものはどれか。
(1)　大気の標準気圧は約1013ヘクトパスカルであって，これより気圧が低いところを低気圧といい，気圧が高いところを高気圧という。
(2)　小笠原高気圧（北太平洋高気圧）は，夏になると日本付近または日本列島をおおうように張り出してくる。
(3)　シベリア高気圧（大陸高気圧）から吹き出す風は，暖かい風である。
(4)　風向が北東というのは，風が南西から北東の方へ吹くことをいう。

答　(2)

問 47　日本付近の天気を天気図から判断する場合の指針を述べた次の(A)と(B)について，それぞれの正誤を判断し，下の(1)〜(4)のうちからあてはまるものを選べ。

> (A)　オホーツク海高気圧が北から張り出してくると，本州南岸では好天気が続く。
> (B)　温帯低気圧は通常西から東に移動するので，天気は西からくずれる。

(1)　(A)は正しく，(B)は誤っている。
(2)　(A)は誤っていて，(B)は正しい。
(3)　(A)も(B)も正しい。
(4)　(A)も(B)も誤っている。

答　(2)

【解説】　(A)　オホーツク海高気圧が北から張り出してくると，本州南岸では天気がくずれやすい。

問 48　日本付近の天気を天気図から判断する指針として誤っているものは，次のうちどれか。
(1)　移動性高気圧の圏内では，天気はよい。
(2)　寒冷前線は突風を伴うことが多い。
(3)　小笠原高気圧が西方に張り出してくると，良い天気が続くことが多い。
(4)　温暖前線は雷雨を伴うことが多い。

答　(4)

問 49　天気の予測について述べた次の(A)と(B)について，それぞれの正誤を判断し，下の(1)〜(4)のうちからあてはまるものを選べ。

> (A)　気圧が次第に上がると，天気は良くなることが多い。
> (B)　太陽や月にかさがかかっていると，天気は悪くなることが多い。

(1)　(A)は正しく，(B)は誤っている。
(2)　(A)は誤っていて，(B)は正しい。
(3)　(A)も(B)も正しい。
(4)　(A)も(B)も誤っている。

答　(3)

問 50　観天望気による天気の予測について述べた次の分のうち，誤っているものはどれか。
(1)　朝の虹(にじ)は雨，夕方の虹は晴れである。
(2)　星のまたたきの特に強いときは，翌朝風が吹く。
(3)　富士山にかさ雲がかかれば，風はおさまる。
(4)　太陽や月にかさがかかると，天気がくずれる。

答　(3)

【解説】　かさ雲がかかると一般に風がでて，天気が崩れるといわれる。

問 51 日本付近の天気に影響を及ぼす気圧配置について述べた次の(A)と(B)について，それぞれの正誤を判断し，下の(1)～(4)のうちからあてはまるものを選べ。

> (A) 夏型の場合は小笠原高気圧が優勢で，冬型の場合はシベリア高気圧が優勢である。
> (B) 夏型の場合は南寄りの季節風が，冬型の場合は北寄りの季節風が吹く。

(1) (A)は正しく，(B)は誤っている。
(2) (A)は誤っていて，(B)は正しい。
(3) (A)も(B)も正しい。
(4) (A)も(B)も誤っている。

答 (3)

問 52 日本付近で夏季の代表的な気圧配置は，次のうちどれか。
(1) 東高西低型　　(2) 西高東低型
(3) 南高北低型　　(4) 北高南低型

答 (3)

問 53 日本付近の気圧配置が西高東低型となることが多い季節は，次のうちどれか。
(1) 春　　(2) 夏　　(3) 秋　　(4) 冬

答 (4)

問 54 「晴れ」を表す天気図記号（日本式）は，次のうちどれか。
(1) ⊗　　(2) ◐　　(3) ⊙　　(4) ◎

答 (2)

【解説】(1) 雪　(3) 霧　(4) くもり

問 55 「くもり」を表す天気図記号（日本式）は，次のうちどれか。
(1) ⊗　　(2) ◐　　(3) ⊙　　(4) ◎

答 (4)

問 56　下図に示す地上天気図のように，日本付近を台風が矢印の方向に進む場合，台風の進行に伴い，（ア）地点の風向は，一般にどのように変化するか。次のうちから選べ。
(1) 東→南東→南→南西　　(2) 東→北東→北→北西
(3) 西→南西→南→南東　　(4) 西→北西→北→北東

答 (1)

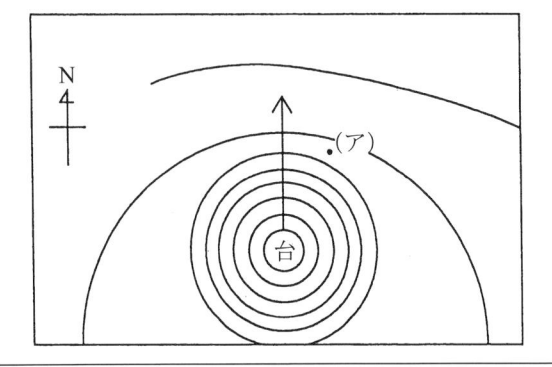

【解説】 台風は左回りに中心に向かって風が吹き込んでいる。図の時点では東風，台風の中心が(ア)地点横に来ると南寄りに変わっていき，過ぎ去ると西寄りになる。

問 57 台風について述べた次の文のうち，誤っているものはどれか。
(1) 発生直後は，通常，西または北西に進む。
(2) 進行方向の前面では，気圧が下がり，気温が上昇する。
(3) 進行方向の左半円は，右半円よりも風雨が強い。
(4) 中心では，風がなく，雨もやんで青空が見えることがある。

答 (3)

【解説】 (3) 一般に右半円の方が風雨は強い。

問 58 北半球において，自船が台風の進行方向に対してその左半円にあり，暴風圏外への脱出が可能であるときは，風浪をどの方向から受けて航走するとよいか。次のうちから選べ。
(1) 右げん船尾 　　(2) 右げん船首
(3) 左げん船首 　　(4) 左げん船尾

答 (1)

【解説】 (2)は右半円（危険半円）に位置するとき。(3)と(4)は，南半球において脱出が可能なときに風浪を受ける方法である。

問 59 本州付近を温暖前線が通過するときに生じる気象現象について述べた次の(A)と(B)について、それぞれの正誤を判断し、下の(1)～(4)のうちからあてはまるものを選べ。

> (A) 厚い層状の雲におおわれる。
> (B) 突風が起こることが多い。

(1) (A)は正しく、(B)は誤っている。
(2) (A)は誤っていて、(B)は正しい。
(3) (A)も(B)も正しい。
(4) (A)も(B)も誤っている。

答 (1)

【解説】 (B) 突風は寒冷前線付近で起こることが多い。

問 60 温帯低気圧に伴う寒冷前線が通過するときの天気の特徴として適当でないものは次のうちどれか。
(1) 前線が通過すると、南寄りであった風が北西寄りに急変する。
(2) 前線が通過するとき、にわか雨を伴うことが多いが、長く続かない。
(3) 前線が通過してしまうと、気圧が急に下がりはじめる。
(4) 前線が通過するとき、雷や突風を伴うことがある。

答 (3)

【解説】 (3) 前線が通過してしまうと、気圧は上昇しはじめる。

問 61　通過前と通過後の風向が急激に変化する場合が多い前線は，次のうちどれか。
(1)　寒冷前線　　　　(2)　温暖前線
(3)　停滞前線　　　　(4)　閉そく前線

答　(1)

問 62　航行中，海面の状態によって風向を測定する場合の次の注意事項のうち，適当でないものはどれか。
(1)　付近の海面のうねりの進行方向を測ること。
(2)　自船から離れた海面を広く見渡して測ること。
(3)　波に直角な方向を測ること。
(4)　なるべく風上側で測ること。

答　(1)

問 63　目視による風の観測について述べた次の(A)と(B)について，それぞれの正誤を判断し，下の(1)～(4)のうちからあてはまるものを選べ。

(A)　風力は，海面の状態を見て，気象庁風力階級表と照合して判断する。
(B)　風向は，波の進んでくる方向をコンパスで測って決める。

(1)　(A)は正しく，(B)は誤っている。
(2)　(A)は誤っていて，(B)は正しい。
(3)　(A)も(B)も正しい。
(4)　(A)も(B)も誤っている。

答　(3)

問 64　風力又は風速について述べた次の(A)と(B)について，それぞれの正誤を判断し，下の(1)～(4)のうちからあてはまるものを選べ。

> (A)　気象庁風力階級表の風力階級は，1から10まである。
> (B)　航走中の船舶の風速計が示す風速は，真の風速である。

(1)　(A)は正しく，(B)は誤っている。
(2)　(A)は誤っていて，(B)は正しい。
(3)　(A)も(B)も正しい。
(4)　(A)も(B)も誤っている。

答　(4)

【解説】(A)　気象庁風力階級表の風力階級は，0から12までである。
　　　　(B)　真の風速ではなく，見かけの風速である。

問 65　アネロイド気圧計によって気圧を測定する場合の注意事項を述べた次の(A)と(B)について，それぞれの正誤を判断し，下の(1)～(4)のうちからあてはまるものを選べ。

> (A)　目と示針を結ぶ線が文字盤に垂直になるようにして，示度を読むこと。
> (B)　船体の動揺のため示針が振れているときは，その示度の最大値をとること。

(1)　(A)は正しく，(B)は誤っている。
(2)　(A)は誤っていて，(B)は正しい。
(3)　(A)も(B)も正しい。
(4)　(A)も(B)も誤っている。

答　(1)

問 66 波の観測について述べた次の(A)と(B)について、それぞれの正誤を判断し、下の(1)～(4)のうちからあてはまるものを選べ。

(A) 方向を測るときは、コンパスで波の進んでくる方向の示度を読む。
(B) 波長を測るときは、本船の長さを基準にして目測するとよい。

(1) (A)は正しく、(B)は誤っている。
(2) (A)は誤っていて、(B)は正しい。
(3) (A)も(B)も正しい。
(4) (A)も(B)も誤っている。

答 (3)

問 67 波の観測について述べた次の文のうち、誤っているものはどれか。
(1) 波長を測るときは、自船の長さを基準にして目測する。
(2) 方向を測るときは、コンパスで波の進んでいく方向の示度を読む。
(3) 周期を測るときは、数回測って平均を出す。
(4) 波高を測るときは、船の傾斜を考慮する。

答 (2)

【解説】(2) 方向を測るときは、コンパスで波の進んでくる方向の示度を読む。

4 操船

> **問 68** 同一船における最短停止距離の大小について述べた次の(A)と(B)について、それぞれの正誤を判断し、下の(1)〜(4)のうちからあてはまるものを選べ。
>
> > (A) 船底に海草やフジツボなどが多く付着しているときは、小さい。
> > (B) 荷物を多く積んでいるときは、大きい。
>
> (1) (A)は正しく、(B)は誤っている。
> (2) (A)は誤っていて、(B)は正しい。
> (3) (A)も(B)も正しい。
> (4) (A)も(B)も誤っている。

答 (3)

【解説】 (A) 船底が汚れているので、停止しやすくなる。
　　　　(B) 慣性力が大きいので、なかなか停止しない。
　　　　ゆえに(A)、(B)ともに正しい。

> **問 69** 最短停止距離が長くなる原因は、次のうちどれか。
> (1) 船底に貝がらや海草がつく。
> (2) 積荷によって喫水が増える。
> (3) 船首トリムが大きい。
> (4) 船首方向から風を受ける。

答 (2)

問 70 小型ディーゼル船の最短停止距離について述べた次の文のうち,正しいものはどれか。
(1) 船が全速前進中,機関を停止してから,船体が水に対して停止するまでの距離を最短停止距離といい,通常,船の長さの 3〜5 倍くらいである。
(2) 船が全速前進中,機関を停止してから,船体が水に対して停止するまでの距離を最短停止距離といい,通常,船の長さの 6〜8 倍くらいである。
(3) 船が全速前進中,機関を全速後進としてから,船体が水に対して停止するまでの距離を最短停止距離といい,通常,船の長さの 3〜5 倍くらいである。
(4) 船が全速前進中,機関を全速後進としてから,船体が水に対して停止するまでの距離を最短停止距離といい,通常,船の長さの 6〜8 倍くらいである。

答 (3)

問 71 最短停止距離について述べた次の文のうち,正しいものはどれか。
(1) 最短停止距離は,船底の汚れが激しいほど短くなる。
(2) 最短停止距離は,積荷が多いほど(喫水が深いほど)短くなる。
(3) 最短停止距離は,風を船尾から受けると短くなる。
(4) 最短停止距離は,船体の汚れや積荷などに関係なく,同一船ではほぼ一定である。

答 (1)

問 72 船舶の操船について述べた次の(A)と(B)について,それぞれの正誤を判断し,下の(1)～(4)のうちからあてはまるものを選べ。

(A) 転舵して回頭中は,遠心力のために船は外側に傾斜し,舵角が大きいほど傾斜も大きい。
(B) 舵角が大きいほど旋回圏は小さい。

(1) (A)は正しく,(B)は誤っている。
(2) (A)は誤っていて,(B)は正しい。
(3) (A)も(B)も正しい。
(4) (A)も(B)も誤っている。

答 (3)

【解説】(B) 旋回圏とは,旋回運動中の船体の重心の軌跡をいう。

問 73 操舵心得について述べた次の(A)と(B)について,それぞれの正誤を判断し,下の(1)～(4)のうちからあてはまるものを選べ。

(A) 大角度変針のときとか,障害物を避けるなどの場合を除いて,舵はなるべく小刻みにとる。
(B) 直進中は船首の振れをおさえるように早め早めにあて舵をとる。

(1) (A)は正しく,(B)は誤っている。
(2) (A)は誤っていて,(B)は正しい。
(3) (A)も(B)も正しい。
(4) (A)も(B)も誤っている。

答 (3)

【解説】(A),(B)ともに操舵の基本である。

問 74 最大有効舵角は，一般にどのくらいとされているか。次のうちから選べ。
(1) 約20度　(2) 約35度　(3) 約55度　(4) 約70度

答 (2)

問 75 舵を右げん 35°程度にとらせるときの操舵号令は，次のうちどれか。
(1) おもかじ　　　　　(2) とりかじ
(3) おもかじ一杯　　　(4) とりかじ一杯

答 (3)

【解説】おもかじとは，右かじ（面舵）をとること。
　　　　とりかじとは，左かじ（取舵）をとること。
　　　　最大舵角は一般に舵角 35°のことで，一杯といえばこの舵角をとることをいう。

問 76 入港する場合に，一般に行わなければならない入港準備として適当なものは，次のうちどれか。
(1) 各部の人員が，そろっているかどうかを調べる。
(2) いかりは，いつでも使用できるように用意する。
(3) 船内の移動物を固縛する。
(4) 倉口，出入口，通風筒などを閉鎖する。

答 (2)

問 77 後進投びょう（単びょう泊）する場合，投びょうする時機として最も適当なものは，次のうちどれか。
(1) 機関を後進にかける少し前
(2) 機関を後進にかけた直後
(3) 機関を後進にかけて，前進行き足がなくなる少し前
(4) 機関を後進にかけて，ゆっくり後退し始めた時

答 (4)

問 78 後進投びょうにより単びょう泊する場合の操船について述べた次の文のうち，適当でないものはどれか。
(1) 風や海・潮流のあるときは，船尾方向から受けるようにしてびょう地へ進む。
(2) 船の行き足が，予定びょう地を少し過ぎたころ止まるように機関を使用する。
(3) 機関を後進にかけて，後退の行き足がつき始めたとき投びょうする。
(4) 投びょう後，アンカーロープが張ってきたら少しずつ伸ばす。

答 (1)

問 79 小型船を岸壁に下図のように船尾係留する場合，岸壁からどのくらい離れたところに投びょうしたらよいか。適当なものを次のうちから選べ。
(1) 水深の4倍に相当する距離
(2) 船の長さの2倍に相当する距離
(3) びょう鎖の長さが長いほどよいから，持っているびょう鎖の長さの半分に船の長さを加えた距離
(4) その地点で単びょう泊するのに必要なびょう鎖の長さに，船の長さを加えた距離

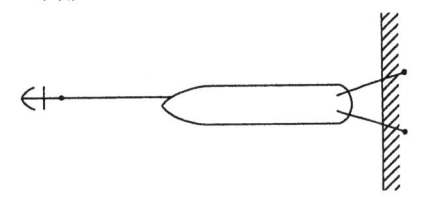

答 (4)

問 80 水深10メートルの狭い水域において，いかりを使用して回頭する場合，アンカーロープはどのくらい伸ばすのが適当か。次のうちから選べ。
(1) 約10メートル　　(2) 約15メートル
(3) 約25メートル　　(4) 約30メートル

答 (2)

【解説】一般的には，水深の1.5倍程度アンカーロープ（チェイン）を伸ばしてドラッギングさせながら回頭する。

問 81 びょう泊するのにいかりかきのよい底質は，次のうちどれか。
(1) 礫　　(2) 泥　　(3) 石　　(4) 岩

答 (2)

問 82 固定ピッチプロペラの一軸右回り船を，左げん横付け係留する場合の操船について述べた次の文のうち，正しいものはどれか。ただし，風や潮流の影響はないものとする。
(1) 岸壁とほぼ平行になるように近づく。
(2) 岸壁に対して約20度ぐらいの角度を持って近づく。
(3) 岸壁に対して約45度ぐらいの角度を持って近づく。
(4) 岸壁に対して約60度ぐらいの角度を持って近づく。

答 (2)

【解説】 (2) 後進をかけたとき，船首が右に振れやすく，ちょうど岸壁と平行になり停止しやすい。

問 83 固定ピッチプロペラの一軸右回り船を，右げん横付け係留する場合の操船について述べた次の文のうち，正しいものはどれか。
(1) 岸壁とほぼ平行になるように近づく。
(2) 岸壁に対して約20度ぐらいの角度を持って近づく。
(3) 岸壁に対して約45度ぐらいの角度を持って近づく。
(4) 岸壁に対して約60度ぐらいの角度を持って近づく。

答 (1)

【解説】 (1) 岸壁とほぼ平行になるように近づき，そこで後進にかけると船首が岸壁に近寄る傾向があるので，係船索を送り出すことが容易となる。

問 84　他船の係船索がかけられている陸上のビットを共用するとき，自船の係船索はどのようにとるのが適当か。次のうちから選べ。ただし，図中の斜線部は他船の係船索とする。

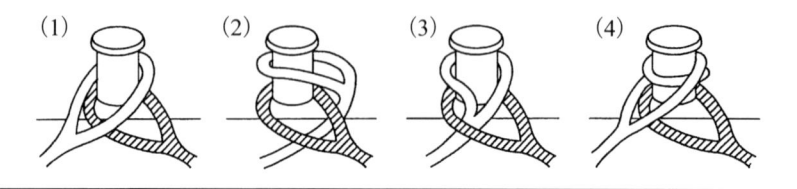

(1)　(2)　(3)　(4)

答　(3)

【解説】　(3)　他船が離岸するとき，係船索が自力ですぐ解放できる。

問 85　単びょう泊中に，走びょうしていると判断できる状態は，次のうちどれか。
(1)　アンカーロープが時々たるむ。
(2)　片げんからのみ風を受けている。
(3)　船体が，ほぼ規則的に振れ回っている。
(4)　アンカーロープにさわっても，振動が感じられない。

答　(2)

【解説】　(1)，(3)，(4)は，しっかりアンカーが海底をかいているときの船の状態を示す現象である。

問 86　びょう泊中，走びょうを知った場合の処置として最も適当なものは，次のうちどれか。
(1)　アンカーロープを伸ばす。　　(2)　シーアンカーを入れる。
(3)　アンカーを入れ直す。　　　　(4)　アンカーロープを縮める。

答　(3)

問 87　狭水道を航行する場合の注意事項として適当でないものは，次のうちどれか。
(1)　できるだけ流れに沿って，水道の右側を通航するようにする。
(2)　針路を保つため，コンパスから目を離さないようにする。
(3)　屈曲の多い水道は，転流時又は逆潮の初期や終期に通過するようにする。
(4)　操船は，舵だけに頼らず速力の調節も行うようにする。

答　(2)

【解説】　(2)　船首の陸上の目標物をよく見て操船するのが良い。

問 88　狭水道における操船について述べた次の文のうち，適当でないものはどれか。
(1)　暗岩などの水中障害物の散在している所がある水道は，低潮時に通るほうがよい。
(2)　操舵は，船首方向の陸上物標を目標にするのがよい。
(3)　狭くて浅い水道では，舵効きがよい。
(4)　曲がった水道は，逆潮のときに通るほうがよい。

答　(3)

【解説】　(3)　狭くて浅い水道では，逆に舵効きが悪くなり，また，船速も低下する（浅水影響という）。

問 89 狭水道を航行する場合の注意事項について述べた次の(A)と(B)について,それぞれの正誤を判断し,下の(1)〜(4)のうちからあてはまるものを選べ。

> (A) 保針は,船首目標よりもコンパスによるのがよい。
> (B) 操船は,舵だけに頼らず速力の調節も行うようにする。

(1) (A)は正しく,(B)は誤っている。
(2) (A)は誤っていて,(B)は正しい。
(3) (A)も(B)も正しい。
(4) (A)も(B)も誤っている。

答 (2)

問 90 狭水道の航法について述べた次の(A)と(B)について,それぞれの正誤を判断し,下の(1)〜(4)のうちからあてはまるものを選べ。

> (A) 曲がった水道は,順潮のときに通れば,逆潮のときより操船上安全である。
> (B) 狭水道の潮流が強い所では,船体に斜めに潮流を受けると圧流されて危険である。

(1) (A)は正しく,(B)は誤っている。
(2) (A)は誤っていて,(B)は正しい。
(3) (A)も(B)も正しい。
(4) (A)も(B)も誤っている。

答 (2)

問 91　他船の曳航（えいこう）について述べた次の文のうち，誤っているものはどれか。
(1)　曳航開始時は，機関を前進全速にかけて行き足をつけるようにする。
(2)　曳索の長さは，曳索の中間が弓なりになって水中に垂れ，水面上に出ないような長さがよい。
(3)　狭水道では曳索は短くするか，引かれ船を横抱きにする。
(4)　曳索は，突発事故に備え，いつでもとき放すことができるようにしておく。

答　(1)

【解説】　(1)　曳索に無理な力がかかり大変危険である。

問 92　他船の曳航（えいこう）について述べた次の文のうち，誤っているものはどれか。
(1)　一度に20度以上の変針は行わず，小きざみに行う。
(2)　一度に0.5ノット以上の速力の増減は避ける。
(3)　荒天のときは，曳索を短くする。
(4)　曳索の長さは，通常中央部が水中に入る程度より長いものが必要である。

答　(3)

【解説】　(3)　荒天のときは，曳索をむしろ長くすること。

> **問 93** 荒天航行中の操船にあたり注意しなければならない事項について述べた次の文のうち，誤っているものはどれか。
> (1) 縦揺れが大きいときは，プロペラが空転することがある。
> (2) 追い波を受けているときは，船首が大きく振れることがある。
> (3) 横揺れと波浪の周期がほぼ同調していれば，安全な状態である。
> (4) 波浪による衝撃や動揺を抑えるためには，針路と速力で調節する。

答 (3)

【解説】 (3) 転覆の危険が生じる。

> **問 94** 荒天時の操船について述べた次の(A)と(B)について，それぞれの正誤を判断し，下の(1)～(4)のうちからあてはまるものを選べ。
>
> > (A) 風浪を船首2～3点の方向から受けて航走する。
> > (B) 船首が風下に落とされて風上に向かないときは，一時増速し，針路がもどってから再び減速する。
>
> (1) (A)は正しく，(B)は誤っている。
> (2) (A)は誤っていて，(B)は正しい。
> (3) (A)も(B)も正しい。
> (4) (A)も(B)も誤っている。

答 (3)

問 95　荒天航行中における，シーアンカーの使用について述べた次の(A)と(B)について，それぞれの正誤を判断し，下の(1)～(4)のうちからあてはまるものを選べ。

> (A)　狭い海域又は浅い水域で荒天に遭遇したとき使用する。
> (B)　船首を風浪に立てることができず，風浪を横から受けるとき使用する。

(1)　(A)は正しく，(B)は誤っている。
(2)　(A)は誤っていて，(B)は正しい。
(3)　(A)も(B)も正しい。
(4)　(A)も(B)も誤っている。

答　(2)

問 96　荒天航行中の操船にあたり注意しなければならない事項を述べた次の(A)と(B)について，それぞれの正誤を判断し，下の(1)～(4)のうちからあてはまるものを選べ。

> (A)　追い波を受けているときは，船首が大きく振れることがある。
> (B)　横揺れと波浪の周期がほぼ同調していれば，安全な状態である。

(1)　(A)は正しく，(B)は誤っている。
(2)　(A)は誤っていて，(B)は正しい。
(3)　(A)も(B)も正しい。
(4)　(A)も(B)も誤っている。

答　(1)

【解説】　(B)　最も危険である。

問 97 喫水に対して水深の浅い（船底下の余裕水深の少ない）水域を航行する場合に現れる現象について述べた次の(A)と(B)について，それぞれの正誤を判断し，下の(1)〜(4)のうちからあてはまるものを選べ。

> (A) 一般に，喫水及びトリムは変化しない。
> (B) 一般に，速力は低下し，かじ効きが悪くなる。

(1) (A)は正しく，(B)は誤っている。
(2) (A)は誤っていて，(B)は正しい。
(3) (A)も(B)も正しい。
(4) (A)も(B)も誤っている。

答 (2)

【解説】 (A) 喫水もトリムも変化する（浅水影響という）。
(B) 正しい。

問 98 喫水に対して水深の浅い（船底下の余裕水深の少ない）水域を航行する場合に現れる現象について述べた次の文のうち，適当でないものはどれか。
(1) 喫水が増加する。　　(2) 速力が増加する。
(3) かじ効きが悪くなる。　(4) トリムが変化する。

答 (2)

問 99 喫水に対して水深の浅い（船底下の余裕水深の少ない）水域を航行する場合に現れる現象について述べた次の文のうち，適当でないものはどれか。
(1) 喫水が増加する。　　(2) 速力が低下する。
(3) かじ効きがよくなる。　(4) トリムが変化する。

答 (3)

問 100 小型船の船長が，大型船との事故を避けるため知っておかなければならない，大型船の特性について述べた次の(A)と(B)について，それぞれの正誤を判断し，下の(1)～(4)のうちからあてはまるものを選べ。

(A) 機関の出力が大きいので，全速後進をかけたときの進出距離が小型船より小さい。
(B) 転舵したとき，回頭を始めるまでの進出距離が小型船より大きい。

(1) (A)は正しく，(B)は誤っている。
(2) (A)は誤っていて，(B)は正しい。
(3) (A)も(B)も正しい。
(4) (A)も(B)も誤っている。

答 (2)

5　船舶の出力装置

問 101　シリンダ内の空気を強く圧縮してできた高熱のところに，霧状の燃料油を噴射してやると，点火して急速燃焼する原理を利用した船用機関は，次のうちどれか。
(1)　ガソリン機関　　　(2)　蒸気機関
(3)　ガス機関　　　　　(4)　ディーゼル機関

答　(4)

問 102　小型船用ディーゼル機関について述べた次の(A)と(B)について，それぞれの<u>正誤を判断し</u>，下の(1)～(4)のうちからあてはまるものを選べ。

(A)　燃料は，主に軽油又は重油を使用する。
(B)　電気火花を利用して点火する。

(1)　(A)は正しく，(B)は誤っている。
(2)　(A)は誤っていて，(B)は正しい。
(3)　(A)も(B)も正しい。
(4)　(A)も(B)も誤っている。

答　(1)

問 103　小型船用ディーゼル機関について述べた次の文のうち，誤っているものはどれか。
(1)　電気火花を利用して点火する。
(2)　燃料は，主に軽油又は重油を使用する。
(3)　後進は，機関自身か，クラッチを用いて逆転させる。
(4)　蒸気機関より始動に要する時間が短い。

答　(1)

【解説】　(1)　電気火花を利用して点火するのは，ガソリン機関である。

問 104　船用ディーゼル機関について述べた次の(A)と(B)について，それぞれの正誤を判断し，下の(1)～(4)のうちからあてはまるものを選べ。

(A)　点火装置を必要とする。
(B)　長時間どのような低速運転もできる。

(1)　(A)は正しく，(B)は誤っている。
(2)　(A)は誤っていて，(B)は正しい。
(3)　(A)も(B)も正しい。
(4)　(A)も(B)も誤っている。

答　(4)

【解説】　(B)　ディーゼル機関には危険回転数があり，その付近では長時間運転しないこと。

6 貨物の取扱い及び積付け

問 105　貨物の揚げおろし中，災害を防止するための注意事項を述べた次の(A)と(B)について，それぞれの正誤を判断し，下の(1)〜(4)のうちからあてはまるものを選べ。

> (A)　貨物を揚げおろししている倉内には，「関係者以外」出入りする事を禁止する。
> (B)　休憩等で一時荷役を中止する場合，貨物が宙づりになっているときは，ブレーキを確かめてから休憩や交代を行う。

(1)　(A)は正しく，(B)は誤っている。
(2)　(A)は誤っていて，(B)は正しい。
(3)　(A)も(B)も正しい。
(4)　(A)も(B)も誤っている。

答　(1)

【解説】　(B)　貨物は絶対に宙づりのままにしない。

7　非常措置

問 106　船舶が航行中，浸水したときの処置について述べた次の(A)と(B)について，それぞれの正誤を判断し，下の(1)〜(4)のうちからあてはまるものを選べ。

> (A)　浸水箇所が水面近くにあるときは，船体を反対側に傾斜させる。
> (B)　破口が小さいときは，木栓を打ち込み，セメントボックスで固める。

(1)　(A)は正しく，(B)は誤っている。
(2)　(A)は誤っていて，(B)は正しい。
(3)　(A)も(B)も正しい。　　　(4)　(A)も(B)も誤っている。

答　(3)

問 107　浸水防止対策について述べた次の文のうち，適当でないものはどれか。
(1)　出入口，天窓，水密戸，弁等のパッキン，ハンドル等閉鎖装置は常日頃から手入れをしておくこと。
(2)　船内巡視をし，腐食や老朽箇所は，早めに修理しておくこと。
(3)　防水操練を実施し，非常の際の処置に習熟しておくこと。
(4)　甲板のスカッパーには，木栓を打って閉鎖しておくこと。

答　(4)
【解説】　(4)　甲板のスカッパーは航行時，甲板に打ち上がった海水などを船外へ排出するためのもの。

問 108　航行中，浸水があることを知った場合の処置として<u>適当でないもの</u>は，次のうちどれか。
(1)　風浪がある場合は，浸水箇所を風上に維持する。
(2)　浸水の箇所と浸水の量を調べる。
(3)　排水ポンプによって排水する。
(4)　乗揚げに適当な浅瀬の有無を調べる。

答　(1)

問 109　航行中の船に浸水があるのを最も簡単に知ることができる方法は，次のうちどれか。
(1)　喫水を見る。
(2)　測深して，ビルジ（汚水）の増え方を見る。
(3)　船底に入って浸水する音を聞く。
(4)　貨物の積んである船底は，貨物を移動して調べる。

答　(2)

問 110　船舶が乗り揚げた場合に直ちに取らなければならない処置として<u>適当でない</u>ものは，次のうちどれか。
(1)　各タンクや船底のビルジを計測する。
(2)　積荷を海中に投棄して喫水を浅くする。
(3)　船の周囲の水深や底質，海底の形状を調べる。
(4)　風向・風力や潮流の流向・流速を測定する。

答　(2)

【解説】　乗り揚げてしまったときは，まず(1)，(3)，(4)を実施調査することが大切である。

問 111　転覆事故防止のための注意について述べた次の文のうち，誤っているものはどれか。
(1)　船の横揺れ周期と波の周期を一致させるよう針路及び速力を調整する。
(2)　船首が風下に落とされて風上への回頭が困難なときは，一時機関を増速して舵効を増し，元にもどした後再び減速する。
(3)　甲板上に多量に浸入した海水がすぐに排水されるように，排水管や排水口などを手入れしておく。
(4)　貨物は船体が傾斜しても移動しないように積み付ける。

答　(1)

【解説】　(1)　周期を一致させると最も危険となる。

問 112　他船と衝突した場合の処置について述べた次の文のうち，適当でないものはどれか。
(1)　衝突した時刻，船位及び船首方向等を確認しておく。
(2)　衝突したときは惰力で損傷箇所が大きくなるので，直ちに機関後進にして船体を離す。
(3)　人命，船体の損害を調べ，必要であれば救助の手段をとる。
(4)　自船又は他船の損害が大きく危険が迫っているようならば，互いに協力しあい人命の救助に努める。

答　(2)

【解説】　(2)　船体を無理に離すと，そこからさらに浸水して危険となる。

問 113　乗揚げ防止のための注意について述べた次の文のうち，誤っているものはどれか。
(1)　見張りを十分にし，レーダー，測深機などの計器も活用しなければならない。
(2)　人間の目，耳，鼻などの能力は弱いので，信用してはならない。
(3)　船位の確認に努め，海図を十分に利用しなければならない。
(4)　海潮流や風圧などが強く，陸岸近くを航行しているときは，オートパイロットを使用してはならない。

答　(2)

問 114　航行中の小型船が荒天に遭遇して，これ以上航行を続けることが困難な状況となった場合の処置として適当なものは，次のうちどれか。
(1)　機関を止め，始動できる状態で漂流する。
(2)　機関を止め，船首から適当な抵抗物をシーアンカー代わりに流す。
(3)　減速して，船尾を風浪に立てる。
(4)　機関を止め，出入口やハッチを開けて，脱出に備える。

答　(2)

問 115　荒天に遭遇した場合の海難防止上の処置を述べた次の(A)と(B)について，それぞれの正誤を判断し，下の(1)〜(4)のうちからあてはまるものを選べ。

> (A)　風浪を正横から受けないようにし，船首から2〜3点ぐらいの方向から受け減速して航行するようにする。
> (B)　大波に逆らって変針するときには，大舵角とし，一気に回頭する。

(1)　(A)は正しく，(B)は誤っている。
(2)　(A)は誤っていて，(B)は正しい。
(3)　(A)も(B)も正しい。
(4)　(A)も(B)も誤っている。

答　(1)

【解説】　(B)　大変危険な変針方法である。

8 医療，捜索及び救助

問 116 荒天中，遭難船の乗組員を救助する場合について述べた次の(A)と(B)について，それぞれの正誤を判断し，下の(1)～(4)のうちからあてはまるものを選べ。

(A) 風による圧流が救助船のほうが大きい場合は，救助船は遭難船の風上側に位置するように操船する。
(B) 引き綱をつけた救命浮環やいかだを流して遭難者を収容する場合は，救助船の風下側にこれを流す。

(1) (A)は正しく，(B)は誤っている。
(2) (A)は誤っていて，(B)は正しい。
(3) (A)も(B)も正しい。　　(4) (A)も(B)も誤っている。

答 (3)

【解説】遭難船には通常，風上側から近づくのが原則である。

問 117 酸素欠乏事故防止のための注意事項として誤っているものは，次のうちどれか。
(1) タンクに入る前には，マンホールを開いて換気を十分に行う。
(2) タンクに入る前には，酸素濃度の測定を行う。
(3) タンクの外には，看視員をたてる。
(4) タンクに入るときには，防毒マスクをつける。

答 (4)

【解説】(4) 防毒マスクは有毒性のガスが存在するときに使用する。

問 118　船首付近から人が海中に落ちたとき，直ちに取らなければならない処置を述べた次の(A)と(B)について，それぞれの正誤を判断し，下の(1)～(4)のうちからあてはまるものを選べ。

> (A)　機関用意とし，直ちに停止できるようにしておく。
> (B)　舵を人の落ちた反対側にとる。

(1)　(A)は正しく，(B)は誤っている。
(2)　(A)は誤っていて，(B)は正しい。
(3)　(A)も(B)も正しい。
(4)　(A)も(B)も誤っている。

答　(4)

問 119　船首付近から人が海中に落ちたとき，直ちに取らなければならない処置について述べた次の文のうち，誤っているものはどれか。
(1)　舵を人の落ちた反対側にとる。
(2)　機関を停止する。
(3)　高い所に見張員を配置する。
(4)　発見者は，大声で船内に知らせる。

答　(1)

【解説】　人が海中に落ちたら直ちに機関停止，人の落ちた側へ舵をとりプロペラが転落者から離れるようにする。

問 120 タンカーの火災防止対策として述べた次の(A)と(B)について，それぞれの正誤を判断し，下の(1)～(4)のうちからあてはまるものを選べ。

> (A) 積荷中は，食事準備のための裸火の使用も禁止する。
> (B) 安全靴は，電気を通すものよりゴム底で絶縁されているものがよい。

(1) (A)は正しく，(B)は誤っている。
(2) (A)は誤っていて，(B)は正しい。
(3) (A)も(B)も正しい。
(4) (A)も(B)も誤っている。

答 (1)

【解説】 (B) 身体の静電気は，通電して放電してしまうほうが安全上良い。

問 121 夜間，自船から海中転落者があった場合，その直後に救命浮環とともに使用すべき信号は，次のうちどれか。
(1) 信号紅炎　　　(2) 自己点火灯
(3) 火せん　　　　(4) 自己発煙信号

答 (2)

【解説】 (2) 自己点火灯は，水面上に投下すると自動的に点火，発光する夜間用の信号である。

問 122　甲板上で作業中，日射病（うつ熱症）で倒れ，体温が非常に高い場合の応急処置を述べた次の(A)と(B)について，それぞれの正誤を判断し，下の(1)〜(4)のうちからあてはまるものを選べ。

> (A)　あおむけに寝かせ，衣服をゆるくする。
> (B)　身体を冷水か氷に浸した布でふく。

(1)　(A)は正しく，(B)は誤っている。
(2)　(A)は誤っていて，(B)は正しい。
(3)　(A)も(B)も正しい。
(4)　(A)も(B)も誤っている。

答　(3)

問 123　船内の平素出入していない区画に入る場合は，酸素欠乏のおそれがあるので酸欠事故防止に努めなければならない。事故防止上の注意として正しくないものは，次のうちどれか。
(1)　事前に散水を十分行う。
(2)　事前に換気を十分行う。
(3)　事前に酸素濃度の測定を行う。
(4)　事前に看視員配置の用意を行う。

答　(1)

法　　規

1 海上衝突予防法

問 1 「機関が故障したため、他の船舶の進路を避けることができない船舶」は、海上衝突予防法上、次のうちどれに該当するか。
(1) 運転不自由船　　(2) 操縦性能制限船
(3) 漂流船　　　　　(4) 遭難船

答 (1) 〔海上衝突予防法第 3 条〕

問 2 海上衝突予防法の規定により、運転不自由船であることを示す灯火又は形象物を表示しなければならない船舶は、次のうちどれか。
(1) 洋上で接げんして、他船に漁獲物を積み替え中の漁船
(2) 機関故障のため、他船に引かれている船舶
(3) かじ故障のため、びょう泊して修理中の船舶
(4) 機関故障のため、漂泊して修理中の船舶

答 (4) 〔海上衝突予防法第 3 条〕

【解説】 (1)は操縦性能制限船、(2)は被えい航船、(3)はびょう泊船（それぞれの灯火又は形象物を表示しなければならない。）

問 3 海上衝突予防法の規定によれば「航行中」に<u>該当しない</u>船舶は，次のうちどれか。
(1) びょう泊中の船舶に，係留している船舶
(2) 機関を停止して，漂泊している船舶
(3) 漁具を海底まで出して，漁ろうをしているトロール漁船
(4) 無風のため，行き足のない帆船

答 (1)〔海上衝突予防法第3条〕

【解説】 (2)，(3)，(4)は航行中である。

問 4 見張りについて述べた次の文のうち，<u>誤っている</u>ものはどれか。　　　　　　　　　　　　　　　　　　　　　　（海上衝突予防法）
(1) 前方ばかりでなく，自船の全周を見張る。
(2) 聴覚を働かせて他船の音響信号などを聞きもらさないようにする。
(3) 夜間は，探照灯で周囲を照らして見張る。
(4) レーダーを備えている船舶では，レーダーを使用する。

答 (3)〔海上衝突予防法第5条〕

問 5 航行中の船舶における見張りについて述べた次の(A)と(B)について，それぞれの正誤を判断し，下の(1)〜(4)のうちからあてはまるものを選べ。　　　　　　　　（海上衝突予防法）

(A) レーダーを備えている船舶では，レーダーを使用して見張る。
(B) 夜間は探照灯で周囲を照らして，他船の動静や障害物の有無を見張る。

(1) (A)は正しく，(B)は誤っている。
(2) (A)は誤っていて，(B)は正しい。
(3) (A)も(B)も正しい。
(4) (A)も(B)も誤っている。

答 (1)〔海上衝突予防法第5条〕

【解説】「見張り」とは，視覚，聴覚その他のすべての手段（レーダーなど）により常時適切な見張りを行うことをいう。
(B) 見張りをさまたげ，かつ自船の航海灯が他船に確認できないおそれがある。（第20条参照）

問 6 「安全な速力」の決定にあたって特に考慮しなければならない事項として，海上衝突予防法で定められているものは，次のうちどれか。
(1) 目的地までの距離　　(2) 帰港予定時刻
(3) 機関の老朽度　　　　(4) 自船の操縦性能

答 (4)〔海上衝突予防法第6条〕

問 7　航行中, 他の船舶を認めこれと衝突するおそれがあるかどうかを判断する場合について述べた次の(A)と(B)について, それぞれの正誤を判断し, 下の(1)～(4)のうちからあてはまるものを選べ。　　　　　　　　　　　　　　　　(海上衝突予防法)

> (A)　衝突のおそれは, コンパス方位の変化の有無によって判断できるもので, 距離の変化は関係ない。
> (B)　衝突のおそれは, コンパス方位の変化の有無によって判断できるもので, 他の船舶の大小は関係ない。

(1)　(A)は正しく, (B)は誤っている。
(2)　(A)は誤っていて, (B)は正しい。
(3)　(A)も(B)も正しい。
(4)　(A)も(B)も誤っている。

答　(3)〔海上衝突予防法第7条〕

問 8　航行中に他の船舶を認め継続的に観察した結果, 自船が当該他の船舶と衝突するおそれがあると判断する場合は, 次のうちどれか。　　　　　　　　　　　　　　　　(海上衝突予防法)
(1)　他の船舶は右げん斜め前方にあり, 自船との距離の変化は小さく, その方位は左に変化する。
(2)　他の船舶は左げん正横にあり, 自船との距離は減少し, その方位に変化がない。
(3)　他の船舶は右げん正横やや後方にあり, 自船との距離は増加し, その方位に変化がない。
(4)　他の船舶は左げん斜め前方にあり, 自船との距離は変化せず, その方位に変化がない。

答　(2)〔海上衝突予防法第7条〕

問 9　海上衝突予防法の規定によれば，接近してくる他の船舶のコンパス方位に，明確な変化が認められる場合であっても，これと衝突するおそれのある場合があるが，それはどのような船舶と接近する場合か。次のうちから選べ。
(1)　漁ろうに従事している船舶
(2)　帆船
(3)　えい航作業に従事している船舶
(4)　しゅんせつ作業に従事している船舶

答　(3)〔海上衝突予防法第7条〕

【解説】　(3)　船首から船尾端までが長いからである。

問 10　海上衝突予防法の規定によれば，狭い水道等をこれに沿って航行する船舶は，安全であり，かつ，実行に適する限り，狭い水道等をどのように航行しなければならないか。次のうちから選べ。
(1)　行会い船がないときは中央に寄って航行する。
(2)　常に右側端に寄って航行する。
(3)　行会い船があるときは互いに中央より右側に寄って航行する。
(4)　視界がよいときに限り右側端に寄って航行する。

答　(2)〔海上衝突予防法第9条〕

問 11 狭い水道等において，他の船舶を追い越そうとする場合，追越し信号を鳴らさなければならないのは，次のうちどれか。

(海上衝突予防法)

(1) 追い越される船舶に対して，針路を保持するように依頼する場合
(2) 追い越される船舶に対して，追い越すことを知らせる場合
(3) 追い越される船舶に対して，左，右のどちらを追い越せばよいか聞く場合
(4) 追い越される船舶に対して，安全に追い越すための協力動作を求める場合

答 (4)〔海上衝突予防法第9条〕

問 12 海上衝突予防法の規定により，狭い水道等で追越し信号を行わなければならない場合は，次のうちどれか。
(1) 船舶がふくそうしているところで，追い越す場合
(2) 追い越すので，他の船舶に針路と速力を保持するよう，注意を喚起する場合
(3) 追越しに同意した他の船舶を追い越す場合
(4) 他の船舶が自船を安全に通過させるための動作をとらなければこれを追い越すことができない場合

答 (4)〔海上衝突予防法第9条〕

問 13 狭い水道を航行中の A 丸は，後方から接近してくる B 丸が行う追越しの意図を示す汽笛信号を聞いた。この場合に，A 丸が B 丸の意図に同意したときには，海上衝突予防法上どのような汽笛信号を行わなければならないか。次のうちから選べ。ただし，ーーー は長音，ー は短音とする。

(1) ーーー　　　　　　　(2) ー ー
(3) ー ー ー　　　　　　(4) ーーー ー ー

答 (4) 〔海上衝突予防法第34条第4項〕

問 14 海上衝突予防法に規定されている狭い水道等における航法を述べた次の(A)と(B)について，それぞれの正誤を判断し，下の(1)〜(4)のうちからあてはまるものを選べ。

(A) 船舶は，狭い水道等では追越し信号を行わないで他の船舶を追い越してはならない。
(B) 船舶は，狭い水道ではやむを得ない場合のほかびょう泊をしてはならない。

(1) (A)は正しく，(B)は誤っている。
(2) (A)は誤っていて，(B)は正しい。
(3) (A)も(B)も正しい。
(4) (A)も(B)も誤っている。

答 (3) 〔海上衝突予防法第9条〕

【解説】 狭い水道等において他船を追い越す場合，他船に自船を安全に通過させるための動作（どちらかへ針路を変えるなど）をとってもらえる場合に追い越すことが許される。この場合，汽笛信号を行って他船の同意を得ること。（汽笛信号：第34条第4項参照）

問 15　次の条文は，海上衝突予防法の狭い水道等における航法（第9条第6項）の規定である。　　　　内にあてはまる数値は，下のうちどれか。

　　長さ　　　　メートル未満の動力船は，狭い水道等の内側でなければ安全に航行することができない他の動力船の通航を妨げてはならない。
(1)　7　　　(2)　12　　　(3)　20　　　(4)　50

答　(3)〔海上衝突予防法第9条〕

問 16　夜間，航行中の甲船（動力船）が，その正船尾方向に，図に示すような灯火を表示して接近してくる乙船を認めた。この場合に甲船がとるべき処置を述べた次の(A)と(B)について，それぞれの正誤を判断し，下の(1)～(4)のうちからあてはまるものを選べ。

(海上衝突予防法)

(A)　針路と速力を保って航行し，乙船の航行を見張る。
(B)　長音1回の汽笛信号を行い乙船に注意を促す。

(1)　(A)は正しく，(B)は誤っている。　　　○
(2)　(A)は誤っていて，(B)は正しい。
(3)　(A)も(B)も正しい。
(4)　(A)も(B)も誤っている。
(注：○は白灯，⊘は紅灯，⊗は緑灯)　　⊗　　⊘

答　(1)

【解説】乙船は追越し船であり，甲船は保持船となる。(海上衝突予防法第13条)
　　　(B)　もし，乙船に注意を促すならば，短音5回以上の汽笛信号を行う。

問 17 互いに他の船舶の視野の内にあり，前方の他船に接近する場合において，自船が追越し船であるかどうかを確かめることができない場合は，自船はどのような船舶であると判断しなければならないか。次のうちから選べ。　　　　　　　(海上衝突予防法)
(1)　保持船　　　　　(2)　横切り船
(3)　行会い船　　　　(4)　追越し船

答　(4) 〔海上衝突予防法第13条〕

【解説】　自船は避航船である。

　　　　避航船：この法律の規定により他の船舶の進路を避けなければならない船舶をいう。(第16条)

　　　　保持船：この法律の規定により，一方の船舶が避航船である場合，当該他の船舶をいう。この場合，保持船は針路および速力を保たなければならない。(第17条)

問 18　A，B 2隻の動力船が真向かい又はほとんど真向かいに行き会い，衝突するおそれがあるときに，A船が短音1回を鳴らすと同時に右転した。この場合におけるB船の航法について述べた次の文のうち，正しいものはどれか。　　　(海上衝突予防法)
(1)　針路及び速力を保持する。
(2)　針路を保持し，速力を減ずる。
(3)　短音2回を鳴らすと同時に左転する。
(4)　短音1回を鳴らすと同時に右転する。

答　(4) 〔海上衝突予防法第14条〕

【解説】　「行会い船」の航法で，双方に右転する義務がある。

問 19 行会い船の航法について述べた次の文のうち,誤っているものはどれか。　　　　　　　　　　　　　　（海上衝突予防法）
(1) 2隻の動力船が真向かい又はほとんど真向かいに行き会い,衝突するおそれがある場合の各動力船を行会い船という。
(2) 互いに行会い船の状況にあっても船首の振れ又は動揺等のため,片側のげん灯しか見えないことがある。
(3) 行会い状態で衝突するおそれがある場合,各動力船は互いに他の動力船の右げん側を航過できるように針路を転じなければならない。
(4) 昼間は,船首方向にある他の船舶の前後のマストの開き具合で,行会い船の状況にあるかどうかを判断することができる。

答　(3)〔海上衝突予防法第14条〕

問 20 夜間,行会い船の状況にあると判断しなければならない場合の灯火の見えかたについて述べた次の(A)と(B)について,それぞれの正誤を判断し,下の(1)～(4)のうちからあてはまるものを選べ。　　　　　　　　　　　　　　　　　　　（海上衝突予防法）

(A) 自船の船首方向又はほとんど船首方向に他の動力船のマスト灯と両側のげん灯を見る場合
(B) 自船の船首方向又はほとんど船首方向に他の動力船のマスト灯と紅色のげん灯を見る場合

(1) (A)は正しく,(B)は誤っている。
(2) (A)は誤っていて,(B)は正しい。
(3) (A)も(B)も正しい。
(4) (A)も(B)も誤っている。

答　(1)〔海上衝突予防法第14条〕

問 21 2 隻の動力船が互いに接近して衝突するおそれがあるとき，互いに行会い船の状況にあるかどうかを確かめることができない場合の航法として，海上衝突予防法上，正しいものは次のうちどれか。
(1) いずれかの船舶が先に右転したら，他の船舶は針路，速力を保持する。
(2) 先に変針した船舶と逆の方向へ針路を転じる。
(3) 両船とも左転する。
(4) 両船とも右転する。

答 (4) 〔海上衝突予防法第 14 条〕

【解説】 互いに行会い船とみなす。行会い船の場合，双方に避航義務が生じ，互いに右へ針路を転じなければならない（他船の左げん側を通過する）。

問 22 下図に示すように，航行中の 2 隻の動力船が互いに進路を横切り，×付近で衝突するおそれがあるとき，A 船は B 船が急速に短音 5 回以上の汽笛信号を行うのを聞いた。海上衝突予防法の規定によれば，この信号は，どのようなことを意味するか。次のうちから選べ。
(1) A 船に針路，速力を保つように注意している。
(2) A 船の避航動作について疑いをもっている。
(3) B 船が大幅に速力を減じようとしている。
(4) B 船がこれから投びょうしようとしている。

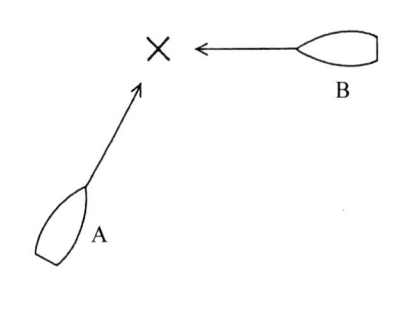

答 (2) 〔海上衝突予防法第 15 条，第 34 条〕

問 23 海上衝突予防法の横切り船の航法について述べた次の文のうち，正しいものはどれか。
(1) 他の動力船を右げん側に見る場合であっても，自船（動力船）より小型船である場合は針路・速力を保持しなければならない。
(2) 他の動力船を左げん側に見る動力船は，他の動力船の進路を避けなければならない。
(3) 他の動力船を左げん側に見る場合であっても，自船（動力船）より大型船である場合は他の動力船の進路を避けなければならない。
(4) 他の動力船を右げん側に見る動力船は，他の動力船の進路を避けなければならない。

答 (4)〔海上衝突予防法第15条〕

【解説】 この法律は，船舶の大小に関係しない。

問 24 航行中の2隻の動力船が互いに進路を横切り，衝突するおそれがあるとき，海上衝突予防法の規定により，他の動力船を右げん側に見る動力船が，やむを得ない場合を除き，とってはならない動作を述べた次の(A)と(B)について，それぞれの正誤を判断し，下の(1)〜(4)のうちからあてはまるものを選べ。

(A) 機関を停止すること。
(B) 他の船舶の船首方向を横切ること。

(1) (A)は正しく，(B)は誤っている。
(2) (A)は誤っていて，(B)は正しい。
(3) (A)も(B)も正しい。
(4) (A)も(B)も誤っている。

答 (2)〔海上衝突予防法第15条〕

問 25 海上衝突予防法の横切り船の航法について述べた次の(A)と(B)について，それぞれの正誤を判断し，下の(1)〜(4)のうちからあてはまるものを選べ。　　　　　　　（海上衝突予防法）

> (A) 自船より小さい他の動力船を右げん側に見る動力船は，針路・速力を保持しなければならない。
> (B) 他の動力船を左げんに見る動力船は，他の動力船の進路を避けなければならない。

(1) (A)は正しく，(B)は誤っている。
(2) (A)は誤っていて，(B)は正しい。
(3) (A)も(B)も正しい。
(4) (A)も(B)も誤っている。

答　(4)〔海上衝突予防法第15条〕

【解説】(A) 動力船の大・小で優劣はない。
　　　　(B) 針路・速力を保持すること。

問 26　夜間，航行中のA動力船が，その右げん前方に，他の船舶のマスト灯と左げん灯を認め，これと衝突するおそれがあるとき，海上衝突予防法上，A船がとらなければならない措置として，正しいものは次のうちどれか。
(1) そのときの針路と速力を保って航行する。
(2) できる限り，早めに，明確な動作をとり，他の船舶の進路を避ける。
(3) 直ちに急速に短音5回以上の汽笛信号を行う。
(4) 他の船舶の汽笛信号を確認するまで，長音1回の信号を行う。

答　(2)〔海上衝突予防法第15条〕

問 27 次の(A)と(B)は、夜間航行中の動力船甲が、その左げん前方約1.5海里に他の船舶のマスト灯と右げん灯を認め、これと衝突するおそれがあるとき、甲船がとるべき海上衝突予防法上の処置を述べたものである。それぞれの正誤を判断し、下の(1)～(4)のうちからあてはまるものを選べ。

(A)　大角度に右変針して、短音1回の汽笛信号を行う。
(B)　針路を保ち、大きく増速し、長音1回の汽笛信号を行う。

(1)　(A)は正しく、(B)は誤っている。
(2)　(A)は誤っていて、(B)は正しい。
(3)　(A)も(B)も正しい。
(4)　(A)も(B)も誤っている。

答　(4)〔海上衝突予防法第15条〕

【解説】　甲船は保持船である。針路および速力を保持して注意深く他船の動作を見守る（必要があれば、警告信号を行う用意もすること）。

問 28　夜間、航行中の A 動力船が、その左げん前方に右図に示すような灯火を表示して接近してくる他の船舶を認め、これと衝突するおそれがあるとき、海上衝突予防法上、A 船がとらなければならない処置として、正しいものは次のうちどれか。ただし、〇は白灯、⊗は緑灯を示す。

(1)　他の船舶が右変針するまで、針路を保って航行する。
(2)　速力を増して、短音5回の汽笛信号を行う。
(3)　できる限り、早めに、大幅に動作をとり、他の船舶の進路を避ける。
(4)　そのときの針路と速力を保って航行する。

答　(4)〔海上衝突予防法第15条〕

【解説】 他船は，右げんを見せて接近してくる動力船（避航船）である。

問 29 次の(A)と(B)は，夜間航行中の動力船甲が，その左げん前方に右図に示すような灯火を表示して接近してくる他の船舶を認め，これと衝突するおそれがあるとき，海上衝突予防法上，甲船がとらなければならない処置を述べたものである。それぞれの正誤を判断し，下の(1)～(4)のうちからあてはまるものを選べ。（注：○は白灯，⊗は緑灯）

(A) そのときの針路と速力を保って航行する。
(B) 他の船舶の動作に疑いがあるときは，警告信号を行う。

(1) (A)は正しく，(B)は誤っている。
(2) (A)は誤っていて，(B)は正しい。
(3) (A)も(B)も正しい。
(4) (A)も(B)も誤っている。

答 (3) 〔海上衝突予防法第15条〕
【解説】 他船は，右げんを見せて接近してくる動力船（避航船）である。

問 30　2隻の船舶が互いに進路を横切る場合において衝突するおそれがあるときの航法について述べた次の(A)と(B)について，それぞれの正誤を判断し，下の(1)～(4)のうちからあてはまるものを選べ。　　　　　　　　　　　　　　　　　　（海上衝突予防法）

> (A)　動力船と漁ろうに従事している船舶とでは，動力船が漁ろうに従事している船舶の進路を避けなければならない。
> (B)　漁ろうに従事している船舶と帆船とでは，漁ろうに従事している船舶が帆船の進路を避けなければならない。

(1)　(A)は正しく，(B)は誤っている。
(2)　(A)は誤っていて，(B)は正しい。
(3)　(A)も(B)も正しい。
(4)　(A)も(B)も誤っている。

答　(1)〔海上衝突予防法第18条第1項，第2項〕

問 31　「各種船舶間の航法」について述べた次の(A)と(B)について，それぞれの正誤を判断し，下の(1)～(4)のうちからあてはまるものを選べ。　　　　　　　　　　　　　　　　　　（海上衝突予防法）

> (A)　トロール漁業に従事している船舶は，やむを得ない場合を除き，喫水制限船の安全な通航を妨げてはならない。
> (B)　帆船は，やむを得ない場合を除き，喫水制限船の安全な通航を妨げてはならない。

(1)　(A)は正しく，(B)は誤っている。
(2)　(A)は誤っていて，(B)は正しい。
(3)　(A)も(B)も正しい。
(4)　(A)も(B)も誤っている。

答　(3)〔海上衝突予防法第18条第4項〕

問 32　次の(A)と(B)は，視界制限状態になった場合，航行中の動力船がとらなければならない海上衝突予防法上の処置を述べたものである。それぞれの<u>正誤を判断し</u>，下の(1)〜(4)のうちからあてはまるものを選べ。

（A）　直ちに陸岸に近寄って航行すること。
（B）　直ちに機関を操作することができるようにしておくこと。

(1)　(A)は正しく，(B)は誤っている。
(2)　(A)は誤っていて，(B)は正しい。
(3)　(A)も(B)も正しい。
(4)　(A)も(B)も誤っている。

答　(2)〔海上衝突予防法第19条〕

問 33　次の(A)と(B)は，視界制限状態において，他の船舶の存在をレーダーのみにより探知した船舶が，当該他の船舶に著しく接近することとなると判断した場合，この事態を避けるための動作をとらなければならない時期について述べたものである。それぞれの<u>正誤を判断し</u>，下の(1)〜(4)のうちからあてはまるものを選べ。　　　　　　　　　　　　　　　　（海上衝突予防法）

（A）　十分に余裕のある時期
（B）　避航，保持の関係が成立した時期

(1)　(A)は正しく，(B)は誤っている。
(2)　(A)は誤っていて，(B)は正しい。
(3)　(A)も(B)も正しい。
(4)　(A)も(B)も誤っている。

答　(1)〔海上衝突予防法第19条〕

問 34　視界制限状態における船舶の航法について述べた次の(A)と(B)について，それぞれの正誤を判断し，下の(1)～(4)のうちからあてはまるものを選べ。　　　　　　　　　　　　　　　　(海上衝突予防法)

> (A)　動力船は，機関を直ちに操作できるようにしておかなければならない。
> (B)　レーダーのみで探知した船舶と著しく接近するのを避ける場合，自船の正横又は正横より後方にある他の船舶の方向に針路を転じてはならない。

(1)　(A)は正しく，(B)は誤っている。
(2)　(A)は誤っていて，(B)は正しい。
(3)　(A)も(B)も正しい。　　　(4)　(A)も(B)も誤っている。

答　(3)〔海上衝突予防法第19条〕

問 35　次の(A)と(B)は，動力船が，視界制限状態にある水域に入ったときの航法又は処置を述べたものである。それぞれの正誤を判断し，下の(1)～(4)のうちからあてはまるものを選べ。
　　　　　　　　　　　　　　　　(海上衝突予防法)

> (A)　前方から接近してくる他の船舶をレーダーのみで探知した場合は，針路を左に転じてはならない。
> (B)　日出後であっても，法定灯火を表示し，直ちに音響信号を行う。

(1)　(A)は正しく，(B)は誤っている。
(2)　(A)は誤っていて，(B)は正しい。
(3)　(A)も(B)も正しい。　　　(4)　(A)も(B)も誤っている。

答　(3)〔海上衝突予防法第19条，第20条〕

問 36　霧中航行中の船舶が，自船の正横より前方に他の船舶の存在することをレーダーのみによって探知し，他の船舶と著しく接近することになると判断した場合，この事態を避けるために，海上衝突予防法上，やむを得ない場合を除いて，どのような動作をとってはならないか。次のうちから選べ。
(1)　機関を後進にかける。
(2)　機関を停止する。
(3)　針路を右に転じる。
(4)　針路を左に転じる。

答　(4)〔海上衝突予防法第19条〕

問 37　次の(A)と(B)は，昼間，霧の中を減速して航行する動力船が行った処置を述べたものである。それぞれの正誤を判断し，下の(1)〜(4)のうちからあてはまるものを選べ。　（海上衝突予防法）

(A)　法定灯火を表示した。
(B)　前方に他の船舶の音響信号を聞いて機関を停止した。

(1)　(A)は正しく，(B)は誤っている。
(2)　(A)は誤っていて，(B)は正しい。
(3)　(A)も(B)も正しい。
(4)　(A)も(B)も誤っている。

答　(3)〔海上衝突予防法第19条，第20条〕

問 38　霧中航行中，自船の正横より前方に他船の霧中信号（視界制限状態における音響信号）を聞き，これと衝突するおそれがあるとき，直ちにとらなければならない動作は，次のうちどれか。
　　　　　　　　　　　　　　　　　　　　（海上衝突予防法）
(1)　短音2回を鳴らし針路を左に転じる。
(2)　機関を直ちに操作することができるように機関室に指令する。
(3)　短音5回以上の疑問信号を行う。
(4)　針路を保つことができる最小限度の速力とする。

答　(4)〔海上衝突予防法第19条〕

問 39　海上衝突予防法の規定により，船舶が掲げなければならない「マスト灯」の射光範囲は，次のうちどれか。（注：射光範囲はいずれも水平の弧）
(1)　正船首方向から左右各げん正横後22度30分までの間
(2)　正船首方向から左右各げん67度30分までの間
(3)　正船首方向から左右各げん正横までの間
(4)　360度にわたる間

答　(1)〔海上衝突予防法第21条〕

問 40　海上衝突予防法の規定により，船舶が掲げなければならない「げん灯」の射光範囲は，次のうちどれか。（注：射光範囲はいずれも水平の弧）
(1)　正船首方向から左右各げん正横後22度30分までの間
(2)　正船尾方向から左右各げん67度30分までの間
(3)　正船首方向から左右各げん正横までの間
(4)　360度にわたる間

答　(1)〔海上衝突予防法第21条〕

問 41 海上衝突予防法の規定により，船舶が掲げなければならない「引き船灯」の射光範囲は，次のうちどれか。（注：射光範囲はいずれも水平の弧）
(1) 正船首方向から左右各げん正横後 22 度 30 分までの間
(2) 正船尾方向から左右各げん 67 度 30 分までの間
(3) 正船首方向から左右各げん正横までの間
(4) 360 度にわたる間

答 (2)〔海上衝突予防法第 21 条〕

問 42 海上衝突予防法の規定により，昼間，船舶その他の物件を引いて航行中の動力船が，その船尾からえい航物件までの距離が 200 メートルを超える場合に掲げなければならない形象物は，次のうちどれか。

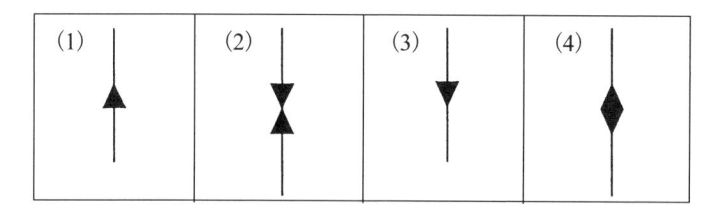

答 (4)〔海上衝突予防法第 24 条〕

問 43 海上衝突予防法の規定により，夜間，えい航作業（えい航物件の後端までの距離が 200 メートルを超えない）に従事している動力船（長さ 50 メートル未満）が表示している灯火を，その左げん方向から見た場合，次のうちどのように見えるか。

（注：○ は白灯，◍ は紅灯）

(1)	(2)	(3)	(4)
○	◍ ◍	○ ○ ○	○ ○
◍	◍	◍	◍

答 (4)〔海上衝突予防法第 24 条〕

問 44 海上衝突予防法の規定により，図のような灯火を掲げている船舶は，次のうちどれか。　（注：◍ は紅灯，⊗ は緑灯）
(1) 左げんを見せて航行中の帆船
(2) 揚網中のトロールにより漁ろうに従事している船舶
(3) 投網中のトロールにより漁ろうに従事している船舶
(4) 左げんを見せて航行中の運転不自由船

　　　　　　　　　　　　　　　◍
　　　　　　　　　　　　　　　⊗

　　　　　　　　　　　　　　　◍

答 (1)〔海上衝突予防法第 25 条〕

問 45 各種船舶とその船舶が海上衝突予防法の規定により，昼間，表示しなければならない形象物を示した次の組合せのうち，正しいものはどれか。

　　　　　　　　　［船舶］　　　　　　　　　　　　　［形象物］
(1)　漁ろうに従事している船舶………つづみ形の形象物1個
(2)　操縦性能制限船………………………球形の形象物1個
(3)　びょう泊中の船舶……………………円すい形の形象物3個
(4)　運転不自由船……………………………ひし形の形象物2個

答　(1)〔海上衝突予防法第26条〕

問 46 海上衝突予防法の規定により，「2個の同形の円すいをこれらの頂点で垂直線上の上下に結合した形の形象物1個」を掲げている船舶は，次のうちどれか。
(1)　漁ろうに従事している船舶　　(2)　びょう泊中の船舶
(3)　乗り揚げている船舶　　　　　(4)　運転不自由船

答　(1)〔海上衝突予防法第26条〕

問 47 海上衝突予防法の規定により，図のような灯火を掲げている船舶は，次のうちどれか。　　(注：○は白灯，◎は紅灯)
(1)　トロールにより漁ろうに従事して
　　いる船舶　　　　　　　　　　　　　◎
(2)　水先業務に従事している水先船　　○
(3)　トロール以外の漁法により漁ろう
　　に従事している船舶　　　　　　　　◎
(4)　運転不自由船

答　(3)〔海上衝突予防法第26条〕

問 48 夜間，航行中の対水速力を有するトロール以外の漁法により漁ろうに従事している船舶（長さ 50 メートル未満）は，海上衝突予防法の規定によると，げん灯 1 対と船尾灯に加えて，どのような灯火を表示しなければならないか。次のうちから選べ。ただし，○ は白色，◍ は紅色，⊗ は緑色の全周灯を示す。

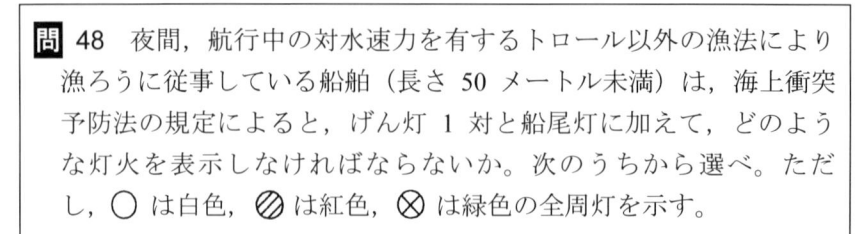

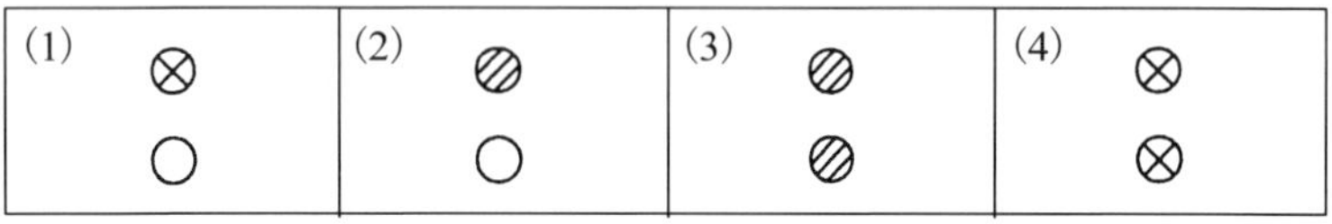

(1)	(2)	(3)	(4)
⊗	◍	◍	⊗
○	○	◍	⊗

答 (2) 〔海上衝突予防法第 26 条〕

問 49 海上衝突予防法の規定により，図のような形象物を掲げている船舶は，次のうちどれか。

(1) 乗り揚げている船舶
(2) びょう泊中の船舶
(3) 操縦性能制限船
(4) 運転不自由船

答 (3) 〔海上衝突予防法第 27 条〕

問 50 海上衝突予防法の規定により，図のような形象物を掲げている船舶は，次のうちどれか。

(1) 喫水制限船
(2) 乗り揚げている船舶
(3) 操縦性能制限船
(4) 運転不自由船

答 (1) 〔海上衝突予防法第 28 条〕

問 51 海上衝突予防法の規定により，「球形の形象物 2 個」を上下に連掲している船舶は，次のうちどれか。
(1) 運転不自由船
(2) 乗り揚げている船舶
(3) 長さ 20 メートル未満の漁ろうに従事している船舶
(4) 喫水制限船

答 (1) 〔海上衝突予防法第 27 条〕

問 52 海上衝突予防法の規定により，図のような灯火を掲げている船舶は，次のうちどれか。　　　（注：○ は白灯，⊘ は紅灯）
(1) 操縦性能制限船
(2) 運転不自由船
(3) 喫水制限船
(4) 漁ろうに従事している船舶

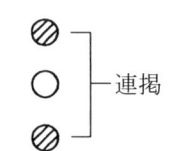

⊘
○ ┐連掲
⊘

答 (1) 〔海上衝突予防法第 27 条〕

問 53 海上衝突予防法の規定により，図のような灯火を掲げている船舶は，次のうちどれか。　　　（注：⊘ は紅灯）
(1) トロールにより漁ろうに従事している船舶
(2) 水先業務に従事している水先船
(3) トロール以外の漁法により漁ろうに従事している船舶
(4) 運転不自由船

⊘
⊘

答 (4) 〔海上衝突予防法第 27 条〕

問 54 海上衝突予防法の規定により，図のような形象物を掲げている船舶は，次のうちどれか。

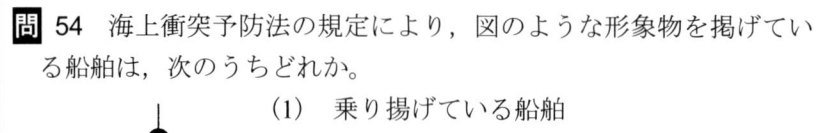

　　　(1) 乗り揚げている船舶
　　　(2) びょう泊中の船舶
　　　(3) 操縦性能制限船
　　　(4) 運転不自由船

答　(1)〔海上衝突予防法第 30 条〕

問 55 前部及び後部に，白色の全周灯を 1 個ずつ掲げている船舶は，通常，どのような船舶と考えられるか。次のうちから選べ。
　　　　　　　　　　　　　　　　　　　　　（海上衝突予防法）
(1)　長さ 50 メートル未満のびょう泊中の船舶
(2)　長さ 50 メートル以上のびょう泊中の船舶
(3)　長さ 50 メートル未満の乗り揚げている船舶
(4)　長さ 50 メートル以上の乗り揚げている船舶

答　(2)〔海上衝突予防法第 30 条〕

問 56 海上衝突予防法では，びょう泊中，最も見えやすい場所に白色の全周灯 1 個を掲げることができるのは，長さ何メートル未満の船舶と規定しているか。次のうちから選べ。
(1)　12 メートル　　　(2)　30 メートル
(3)　50 メートル　　　(4)　100 メートル

答　(3)〔海上衝突予防法第 30 条〕

問 57　海上衝突予防法の規定により,「球形の形象物 1 個」を掲げている船舶は,次のうちどれか。
(1)　漁ろうに従事している船舶
(2)　びょう泊中の船舶
(3)　乗り揚げている船舶
(4)　運転不自由船

答　(2)〔海上衝突予防法第 30 条〕

問 58　海上衝突予防法の規定により,びょう泊中の船舶が掲げなければならない灯火について述べた次の文の □ の中にあてはまるものを下の枠の中から選べ。
　長さ □(1)□ 以上の船舶は,前部の最も見えやすい場所に白色の全周灯 1 個を掲げ,かつ,できる限り船尾近くにその全周灯よりも低い位置に白色の全周灯 1 個を掲げる。
　長さ □(2)□ 以上の船舶は,作業灯又はこれに類似した灯火を使用してその甲板を照明しなければならない。

(ア)　20 メートル　　（イ)　50 メートル
(ウ)　100 メートル　（エ)　150 メートル
(オ)　200 メートル

答　(1)　(イ)
　　(2)　(ウ)
〔海上衝突予防法第 30 条〕

問 59 海上衝突予防法の音響信号に関する定義について述べた次の文の □ の中にあてはまるものを，下の枠中から選べ。
(1) 「短音」とは，約 (1) 秒間継続する吹鳴をいう。
(2) 「長音」とは，4 秒以上 (2) 秒以下の時間継続する吹鳴をいう。

| (ア) 1 | (イ) 2 | (ウ) 3 | (エ) 5 |
| (オ) 6 | (カ) 8 | (キ) 10 | |

答 (1) (ア)　(2) (オ)
〔海上衝突予防法第32条〕

問 60 次の(A)と(B)は，海上衝突予防法に規定する「音響信号」の使用例を示したものである。それぞれの正誤を判断し，下の(1)～(4)のうちからあてはまるものを選べ。

(A) 予定の変針点に達したので，短音 2 回の操船信号を鳴らして左転し，次の針路とした。
(B) 自船の船首方向に他船のマスト灯と両げん灯を認めたので，短音1回を鳴らして右転した。

(1) (A)は正しく，(B)は誤っている。
(2) (A)は誤っていて，(B)は正しい。
(3) (A)も(B)も正しい。
(4) (A)も(B)も誤っている。

答 (2)〔海上衝突予防法第34条〕

【解説】(A) 操船信号の必要はない。
　　　　　　(他の船舶が視野内にあるときは，必要となる)
　　　　(B) 海上衝突予防法第14条（行会い船）が適用される。

問 61 次の(A)と(B)は，海上衝突予防法に規定する「操船信号」及び「警告信号」の使用例を示したものである。それぞれの正誤を判断し，下の(1)～(4)のうちからあてはまるものを選べ。

> (A) 他の船舶との衝突を避けるため針路を左に転じているとき，短音2回の汽笛信号とせん光2回の発光信号を併せて行った。
> (B) 他の船舶が衝突を避けるために十分な動作をとっていることについて疑いがあったので，直ちに急速に短音5回以上の汽笛信号を行った。

(1) (A)は正しく，(B)は誤っている。
(2) (A)は誤っていて，(B)は正しい。
(3) (A)も(B)も正しい。
(4) (A)も(B)も誤っている。

答 (3)〔海上衝突予防法第34条〕

問 62 狭い水道で，前方を航行中の船舶に，少し右に寄ってもらって，その左げん側を追い越そうとする場合の汽笛信号は，次のうちどれか。　　　　　　　　　　　　　（海上衝突予防法）
(1) 長音1回に引き続く短音2回
(2) 短音1回に引き続く長音2回
(3) 長音2回に引き続く短音2回
(4) 長音2回に引き続く短音1回

答 (3)〔海上衝突予防法第34条〕

問 63　狭い水道等において，追越し船が追越しの意図を表すための汽笛信号を行った場合，その信号を聞いた追い越される船舶が行わなければならない処置を述べた次の(A)と(B)について，それぞれの正誤を判断し，下の(1)～(4)のうちからあてはまるものを選べ。
　　　　　　　　　　　　　　　　　　　　　　（海上衝突予防法）

(A)　追越しに同意できない場合は，同意できないことを示すために針路と速力を大幅に変えなければならない。
(B)　追越しに同意した場合は，汽笛信号を行い，かつ，協力動作をとらなければならない。

(1)　(A)は正しく，(B)は誤っている。
(2)　(A)は誤っていて，(B)は正しい。
(3)　(A)も(B)も正しい。　　　(4)　(A)も(B)も誤っている。

答　(2)〔海上衝突予防法第34条〕

問 64　狭い水道等において，追越し船が追越しの意図を表すための汽笛信号を行った場合，その信号を聞いた追い越される船舶が行わなければならない処置を述べた次の(A)と(B)について，それぞれの正誤を判断し，下の(1)～(4)のうちからあてはまるものを選べ。
　　　　　　　　　　　　　　　　　　　　　　（海上衝突予防法）

(A)　追越しに同意した場合は，そのまま針路と速力を保って航行しなければならない。
(B)　追越しに同意できない場合は，速力を減じるか又は機関の運転を止めなければならない。

(1)　(A)は正しく，(B)は誤っている。
(2)　(A)は誤っていて，(B)は正しい。
(3)　(A)も(B)も正しい。　　　(4)　(A)も(B)も誤っている。

答　(4)〔海上衝突予防法第9条〕
【解説】(A)　協力動作（少しいずれかへ寄るなど）をとらなければならない。

問 65 互いに他の船舶の視野の内にある船舶が互いに接近する場合において，他の船舶の意図若しくは動作を理解することができないとき，又は他の船舶が衝突を避けるために十分な動作をとっていることについて疑いがあるときに行わなければならない汽笛信号は，次のうちどれか。 （海上衝突予防法）
(1) 短音1回，長音1回及び短音1回
(2) 長音5回
(3) 短音7回以上とこれに続く長音1回
(4) 急速に短音5回以上

答 (4) 〔海上衝突予防法第34条〕

問 66 次の(A)と(B)は，海上衝突予防法の規定により，船舶が急速に短音5回以上の汽笛信号を鳴らさなければならない場合について述べたものである。それぞれの正誤を判断し，下の(1)～(4)のうちからあてはまるものを選べ。

(A) 障害物があるため，他の船舶を見ることができないわん曲部の付近で，他の船舶の汽笛信号を聞き，これに応答しようとするとき。
(B) 他の船舶と衝突するおそれがあるとき，避航船がとっている避航動作が，不十分ではないかと疑いを感じたとき。

(1) (A)は正しく，(B)は誤っている。
(2) (A)は誤っていて，(B)は正しい。
(3) (A)も(B)も正しい。
(4) (A)も(B)も誤っている。

答 (2) 〔海上衝突予防法第34条〕

【解説】 (A) 長音1回の信号を行う。

問 67 視界制限状態にある水域を航行中の漁ろうに従事している船舶が，海上衝突予防法の規定により，2 分を超えない間隔で行わなければならない汽笛信号は，次のうちどれか。
　　ただし，——— は長音，— は短音とする。
(1) ———
(2) ——— —
(3) ——— — —
(4) ——— — — —

答 (3) 〔海上衝突予防法第 35 条〕

問 68 視界制限状態にある水域において，海上衝突予防法の規定により，2 分を超えない間隔で長音 1 回に引き続く短音 2 回の汽笛信号を行わなければならない船舶は，次のうちどれか。
(1) 乗り揚げている長さ 100 メートル未満の船舶
(2) 水先業務に従事中の水先船
(3) びょう泊中の漁ろうに従事している船舶
(4) びょう泊中の長さ 100 メートル未満の船舶

答 (3) 〔海上衝突予防法第 35 条〕

【解説】 2 分を超えない間隔で長音 1 回，短音 2 回の霧中における汽笛信号を行うべき船舶を以下に示す。
　　(A) 航行中（第 4 項）　　　　(B) びょう泊中（第 8 項）
　　　(ア) 帆船　　　　　　　　　　(ア) 漁ろうに従事している船舶
　　　(イ) 漁ろうに従事している船舶　(イ) 操縦性能制限船
　　　(ウ) 運転不自由船
　　　(エ) 操縦性能制限船
　　　(オ) 喫水制限船
　　　(カ) 引き船
　　　(キ) 押し船

問 69 海上衝突予防法の規定により，船舶が他の船舶の注意を喚起するために必要があると認める場合に行うことができる注意喚起信号の方法を述べた次の(A)と(B)について，それぞれの正誤を判断し，下の(1)～(4)のうちからあてはまるものを選べ。
　(A) 海上衝突予防法に規定する信号と誤認されることのない発光信号による方法
　(B) 危険が存する方向に探照灯を照射する方法
(1) (A)は正しく，(B)は誤っている。
(2) (A)は誤っていて，(B)は正しい。
(3) (A)も(B)も正しい。　　(4) (A)も(B)も誤っている。

答 (3)〔海上衝突予防法第36条〕

問 70 次の汽笛信号のうち，他の船舶の注意を喚起するための信号として，海上衝突予防法上，適当なものはどれか。ただし，──── は長音，── は短音を示す。
(1) ────
(2) ──── ── ──
(3) ──── ────
(4) ── ── ── ── ── ── ── ── ──

答 (4)

【解説】(1) 視界制限状態(霧中)航行中の動力船の汽笛信号(対水速力あり)
　　(2) 帆船，漁ろうに従事している船舶，運転不自由船などの霧中航行中の汽笛信号
　　(3) 霧中航行中，対水速力を有しない動力船の汽笛信号
　　「注意喚起信号」は，信号方法にとくに定めがなく，この法律に規定する信号と誤認されることのない発光または音響による信号で行うことができる。〔海上衝突予防法第36条〕

問 71 海上衝突予防法に規定する遭難信号として誤っているものは，次のうちどれか。
(1) 長音5回の汽笛信号
(2) 短時間の間隔で発射され，赤色の星火を発するロケット又はりゅう弾による信号
(3) 無線電話による「メーデー」という語の信号
(4) 無線電信，その他の方法によるモールス符号（・・・－－－・・・）の信号

答 (1) 〔海上衝突予防法施行規則第22条〕

問 72 海上衝突予防法の規定により，船舶が遭難して救助を求める場合に行われる遭難信号について述べた次の(A)と(B)について，それぞれの正誤を判断し，下の(1)～(4)のうちからあてはまるものを選べ。

(A) オレンジ色の煙を発することによる信号
(B) 霧中信号器による連続音響による信号

(1) (A)は正しく，(B)は誤っている。
(2) (A)は誤っていて，(B)は正しい。
(3) (A)も(B)も正しい。
(4) (A)も(B)も誤っている。

答 (3) 〔海上衝突予防法施行規則第22条〕

問 73 海上衝突予防法の規定により,船舶が遭難して救助を求める場合に行わなければならない遭難信号について述べた次の(A)と(B)について,それぞれの正誤を判断し,下の(1)～(4)のうちからあてはまるものを選べ。

> (A) 縦に上から国際信号旗のD旗及びC旗を掲げることによる信号
> (B) 無線電話による「メーデー」という語の信号

(1) (A)は正しく,(B)は誤っている。
(2) (A)は誤っていて,(B)は正しい。
(3) (A)も(B)も正しい。
(4) (A)も(B)も誤っている。

答 (2)

【解説】 (A) D旗ではなくN旗が正しい。〔海上衝突予防法施行規則第22条〕

2 海上交通安全法

問 74　次の海域のうち，海上交通安全法の適用海域はどれか。
(1)　七大特定港　　　(2)　駿河湾
(3)　相模湾　　　　　(4)　瀬戸内海

答　(4)〔海上交通安全法第1条〕

問 75　海上交通安全法では，航路の一定区間を航行する船舶に対して速力を制限しているが，その規定制限速力は次のうちどれか。
(1)　8ノットをこえない速力　　(2)　10ノットをこえない速力
(3)　12ノットをこえない速力　 (4)　14ノットをこえない速力

答　(3)〔海上交通安全法施行規則第4条〕

問 76　海上交通安全法では，航路を航行しなければならないのは，長さ何メートル以上の船舶と規定しているか。次のうちから選べ。
(1)　100メートル　　(2)　70メートル
(3)　50メートル　　 (4)　20メートル

答　(3)〔海上交通安全法施行規則第3条〕

問 77　下図は，海上交通安全法に定める航路において，2隻の船舶A，Bが，それぞれ，漁ろうに従事している船舶と互いに接近し衝突するおそれがある場合の2例を示したものである。この場合について述べた次の文のうち，正しいものはどれか。ただし，Aは巨大船，Bは巨大船以外の動力船である。

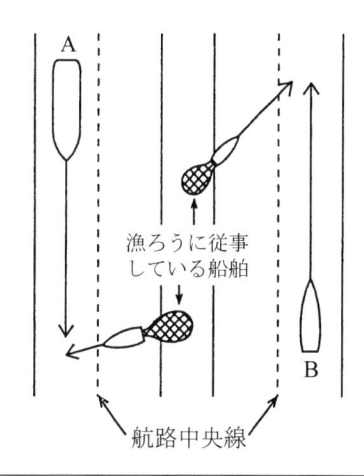

(1)　Aは避航船，Bは保持船である。
(2)　Aは保持船，Bは避航船である。
(3)　AもBも避航船である。
(4)　AもBも保持船である。

答　(2)

【解説】　A（巨大船）は海上交通安全法第3条により保持船である。B（巨大船以外の一般動力船）は海上衝突予防法第9条が適用され，避航船である。

問 78　海上交通安全法に定める航路をこれに沿って航行している船舶（巨大船を除く）が，避航船となるのは，どのような船舶と衝突するおそれがあるときか。次のうちから選べ。
(1)　航路外から航路に入る船舶　　(2)　航路を横断する船舶
(3)　航路内で漁ろうに従事している船舶
(4)　航路から航路外に出る船舶

答　(3)

【解説】　海上交通安全法に規定がないので，海上衝突予防法第9条を適用する。

問 79　海上交通安全法の次の航路のうち，速力の制限規定が設けられていない航路はどれか。
(1)　浦賀水道航路　　　(2)　中ノ瀬航路
(3)　伊良湖水道航路　　(4)　明石海峡航路

答　(4)〔海上交通安全法第5条〕

問 80　海上交通安全法に規定する「航路における一般的航法」について述べた次の(A)と(B)について，それぞれの正誤を判断し，下の(1)～(4)のうちからあてはまるものを選べ。

(A)　海難を避けるためであれば，航路内にびょう泊することができる。
(B)　航路内では，他の船舶を追い越してはならない。

(1)　(A)は正しく，(B)は誤っている。
(2)　(A)は誤っていて，(B)は正しい。
(3)　(A)も(B)も正しい。
(4)　(A)も(B)も誤っている。

答　(1)〔海上交通安全法第6条，第10条〕

問 81　海上交通安全法に定める航路において，他の船舶の協力動作なしで他の船舶の右げん側を追い越す場合の汽笛による追越し信号は，次のうちどれか。
(1)　長音2回に引き続く短音1回
(2)　長音2回に引き続く短音2回
(3)　長音1回に引き続く短音2回
(4)　長音1回に引き続く短音1回

答　(4)〔海上交通安全法第6条〕

問 82 海上交通安全法に定める航路において，他の船舶の左げん側を追い越そうとする場合に，他船の協力動作を必要とするときは，どのような「汽笛」信号を行うか。次のうちから選べ。ただし，── は長音，─ は短音とする。

(1) ── ─
(2) ── ── ─
(3) ── ─ ─
(4) ── ─ ─ ─

答 (2)

【解説】 追越し信号について

　海上交通安全法第 6 条による「追越し信号」は，とくに追い越される船舶の同意を必要としない信号である。この設問は他船の協力動作を必要とするので，海上衝突予防法第 34 条による「追越し信号」を行うこと。〔海上衝突予防法第 34 条，海上交通安全法第 6 条ただし書関連〕

問 83 海上交通安全法に定める航路を航行中，後方から接近する他の船舶の長音 2 回に引き続く短音 1 回の汽笛信号を聞いた。この信号は，どのような意味か。次のうちから選べ。
(1)　貴船の左げんを追い越したいので協力動作をとってほしい。
(2)　貴船の左げんを追い越す。
(3)　貴船の右げんを追い越したいので協力動作をとってほしい。
(4)　貴船の右げんを追い越す。

答 (3)

【解説】 他の船舶の汽笛信号は海上衝突予防法の「追越し信号」であり（何ら違法ではなく），追い越したいので協力動作をとってほしいという意図がある。

問 84 海上交通安全法に定める航路の中で，進行方向が北に限定されているのは，次のうちどれか。
(1) 浦賀水道航路　　(2) 中ノ瀬航路
(3) 伊良湖水道航路　(4) 来島海峡航路

答　(2)〔海上交通安全法第 11 条〕

問 85 海上交通安全法に定める浦賀水道航路及び中ノ瀬航路の航法について述べた次の(A)と(B)について，それぞれの正誤を判断し，下の(1)～(4)のうちからあてはまるものを選べ。

(A)　船舶は，浦賀水道航路をこれに沿って航行するときは，中央から右の部分を航行しなければならない。
(B)　船舶は，中ノ瀬航路をこれに沿って航行するときは，南の方向に航行しなければならない。

(1)　(A)は正しく，(B)は誤っている。
(2)　(A)は誤っていて，(B)は正しい。
(3)　(A)も(B)も正しい。
(4)　(A)も(B)も誤っている。

答　(1)
【解説】(B) 南の方向ではなく北の方向。〔海上交通安全法第 11 条〕

問 86 海上交通安全法に規定する次の航路のうち，航路をこれに沿って航行するとき，南の方向に航行しなければならないものはどれか。
(1) 中ノ瀬航路　　(2) 伊良湖水道航路
(3) 水島航路　　　(4) 宇高西航路

答　(4)〔海上交通安全法第 16 条〕

問 87　海上交通安全法に定める航路における航法について述べた次の(A)と(B)について，それぞれの正誤を判断し，下の(1)～(4)のうちからあてはまるものを選べ。

> (A)　宇高東航路をこれに沿って航行するときは，北の方向に航行しなければならない。
> (B)　水島航路をこれに沿って航行するときは，できる限り，航路の中央から右の部分を航行しなければならない。

(1)　(A)は正しく，(B)は誤っている。
(2)　(A)は誤っていて，(B)は正しい。
(3)　(A)も(B)も正しい。　　　(4)　(A)も(B)も誤っている。

答　(3)〔海上交通安全法第16条，第18条〕

問 88　海上交通安全法で定める次の航路のうち，長さ 50 メートル以上の船舶が，関門港を出港し神戸港に向かう場合に航行してはならない航路はどれか。
(1)　来島海峡航路　　　(2)　備讃瀬戸北航路
(3)　備讃瀬戸東航路　　(4)　明石海峡航路

答　(2)

【解説】(2)は西方向へのみ航行する航路である。〔海上交通安全法第18条〕

問 89　海上交通安全法に規定する次の航路のうち，潮流の流向によって航行する水道が定められているのはどれか。
(1)　来島海峡航路　　　(2)　浦賀水道航路
(3)　水島航路　　　　　(4)　伊良湖水道航路

答　(1)〔海上交通安全法第20条〕

問 90　海上交通安全法に定める来島海峡航路の航法について述べた次の(A)と(B)について，それぞれの正誤を判断し，下の(1)～(4)のうちからあてはまるものを選べ。

> (A)　逆潮のときは中水道を航行する。
> (B)　順潮のときは東水道を航行する。

(1)　(A)は正しく，(B)は誤っている。
(2)　(A)は誤っていて，(B)は正しい。
(3)　(A)も(B)も正しい。
(4)　(A)も(B)も誤っている。

答　(4)

【解説】　順潮のときは中水道，逆潮のときは西水道。〔海上交通安全法第20条〕

問 91　海上交通安全法に定める来島海峡航路の航法について述べた次の(A)と(B)について，それぞれの正誤を判断し，下の(1)～(4)のうちからあてはまるものを選べ。

> (A)　順潮の場合は中水道を，逆潮の場合は西水道を航行すること。
> (B)　西水道を経由して航行する場合は，できる限り四国側に近寄って航行すること。

(1)　(A)は正しく，(B)は誤っている。
(2)　(A)は誤っていて，(B)は正しい。
(3)　(A)も(B)も正しい。
(4)　(A)も(B)も誤っている。

答　(3)〔海上交通安全法第20条〕

問 92 海上交通安全法に定められた行先表示の夜間の信号方法は，次のうちどれか。
 (1) 発光信号
 (2) 汽笛を用いる信号
 (3) 国際信号旗による信号
 (4) 無線電話による信号

答 (2) 〔海上交通安全法第7条〕

問 93 海上交通安全法の規定により，図のような国際信号旗を表示している船舶は，次のうちどれか。 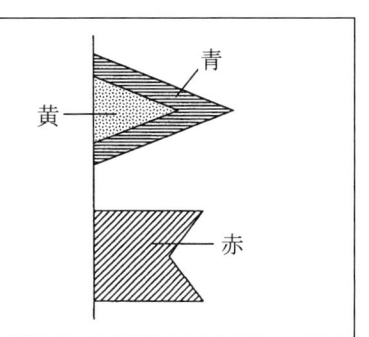
 (1) 巨大船
 (2) 特別消防設備船
 (3) 緊急船舶
 (4) 危険物積載船

答 (4) 〔海上交通安全法第27条，同法施行規則第22条〕

問 94 海上交通安全法の適用海域において，危険物積載船が表示しなければならない標識は，次のうちどれか。

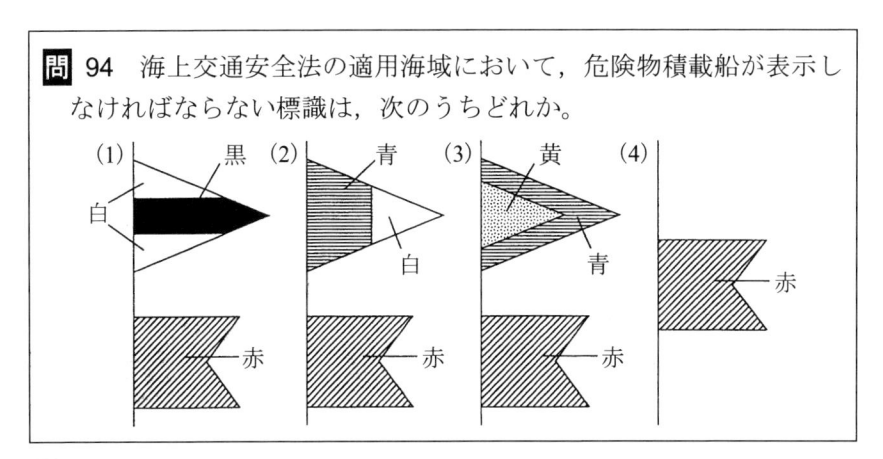

答 (3) 〔海上交通安全法第27条〕

【解説】 危険物積載船の標識は，縦に第1代表旗，B旗を掲げる。

問 95 海上交通安全法の規定により，昼間，船舶が掲げなければならない標識について述べた次の(A)と(B)について，それぞれの正誤を判断し，下の(1)〜(4)のうちからあてはまるものを選べ。

> (A) 危険物積載船は，国際信号旗の第1代表旗の下にB旗を掲げる。
> (B) 工事，作業をしている船舶は，上からひし形1個，球形2の黒色の形象物を連掲する。

(1) (A)は正しく，(B)は誤っている。
(2) (A)は誤っていて，(B)は正しい。
(3) (A)も(B)も正しい。
(4) (A)も(B)も誤っている。

答 (1)

【解説】 (B) 上からひし形1個，球形2の紅色の形象物を連掲する。
〔海上交通安全法第2条，第27条〕

問 96 海上交通安全法では，本法適用海域にある場合，どのような船舶が下図に示す形象物を掲げなければならないと規定しているか。次のうちから選べ。

(1) 総トン数20000トン以上の船舶
(2) 長さ200メートル以上の船舶
(3) 最大とう載人員1000名以上の船舶
(4) 喫水10メートル以上の船舶

答 (2) 〔海上交通安全法第7条〕

【解説】 図は巨大船（長さ200メートル以上）の形象物である。
〔海上交通安全法第27条〕

問 97 次の文の ◯ の中にあてはまるものの組合せとして正しいものは，下の(1)～(4)のうちどれか。

海上交通安全法の規定により，巨大船は夜間の灯火として，少なくとも (ア) の視認距離を有し，一定の間隔で毎分 180 回以上 200 回以下のせん光を発する (イ) の全周灯 1 個を表示しなければならない。

(1) (ア)……………2 海里，　　(イ)……………緑色
(2) (ア)……………2 海里，　　(イ)……………紅色
(3) (ア)……………1 海里，　　(イ)……………緑色
(4) (ア)……………1 海里，　　(イ)……………紅色

答 (1) 〔海上交通安全法施行規則第 22 条〕

問 98 海上交通安全法の規定により，「一定の間隔で毎分 120 回以上 140 回以下のせん光を発する紅色の全周灯 1 個」を表示している船舶は，次のうちどれか。

(1) 巨大船　　　　　　　　　　(2) 漁ろうに従事している船舶
(3) 危険物積載船　　　　　　　(4) 緊急用務を行う船舶

答 (3) 〔海上交通安全法施行規則第 22 条〕

178

3 港則法

> **問 99** 港則法の規定により，特定港に入出港する場合に入出港の届出を要する船舶は，次のうちどれか。
> (1) 総トン数 20 トン未満の汽船
> (2) 平水区域を航行区域とする船舶
> (3) 沿海区域を航行区域とする船舶
> (4) 予め港長の許可を受けた船舶

答 (3)〔港則法施行規則第 2 条，第 21 条〕

> **問 100** 次の(1)〜(4)は，港則法の規定により，船舶が港内においてみだりにびょう泊又は停留してはならない場所を示したものである。誤っているものはどれか。
> (1) ドックの付近 (2) けい船浮標の付近
> (3) 検疫びょう地の付近 (4) 船だまりの入口付近

答 (3)〔港則法施行規則第 6 条〕

問 101　港則法に規定する,「汽艇等」について述べた次の(A)と(B)について,それぞれの正誤を判断し,下の(1)～(4)のうちからあてはまるものを選べ。

(A)　汽艇等は,みだりにこれを他の船舶の交通の妨げとなるおそれのある場所に停泊させてはならない。
(B)　汽艇等は,航路を航行してはならない。

(1)　(A)は正しく,(B)は誤っている。
(2)　(A)は誤っていて,(B)は正しい。
(3)　(A)も(B)も正しい。
(4)　(A)も(B)も誤っている。

答　(1)

【解説】(A)　正しい。〔港則法第9条〕
　　　　(B)　航路航行禁止ではない。〔港則法第12条〕

問 102　港則法に規定する,「汽艇等」について述べた次の(A)と(B)について,それぞれの正誤を判断し,下の(1)～(4)のうちからあてはまるものを選べ。

(A)　汽艇等は,港内では,夜間航行してはならない。
(B)　汽艇等は,みだりに係船浮標に係留してはならない。

(1)　(A)は正しく,(B)は誤っている。
(2)　(A)は誤っていて,(B)は正しい。
(3)　(A)も(B)も正しい。
(4)　(A)も(B)も誤っている。

答　(2)

【解説】(A)　とくに禁止していない。

問 103　港則法の命令の定める航路（以下航路という）について述べた次の(A)と(B)について，それぞれの正誤を判断し，下の(1)〜(4)のうちからあてはまるものを選べ。

> (A) 航路を航行する船舶は，航路の出入口以外から航路に出入してはならない。
> (B) 特定港には，航路が設けられているものと，設けられていないものとがある。

(1) (A)は正しく，(B)は誤っている。
(2) (A)は誤っていて，(B)は正しい。
(3) (A)も(B)も正しい。　　(4) (A)も(B)も誤っている。

答　(2)〔港則法第12条〕
【解説】(A)　途中から出入りしてもよい。
　　　　(B)　特定港は87港，その約半数の港に航路が設けられている（2020年12月現在）。

問 104　港則法の命令の定める航路（以下航路という）について述べた次の(A)と(B)について，それぞれの正誤を判断し，下の(1)〜(4)のうちからあてはまるものを選べ。

> (A) えい航中の船舶は，航路においてびょう泊してはならないが，えい航している船舶を放すことはできる。
> (B) 特定港に出入するとき，航路によらなければならないのは，長さ50メートル以上の船舶である。

(1) (A)は正しく，(B)は誤っている。
(2) (A)は誤っていて，(B)は正しい。
(3) (A)も(B)も正しい。　　(4) (A)も(B)も誤っている。

答　(4)〔港則法第12条，第13条〕
【解説】(A)　緊急時を除いて，どちらも禁止されている。
　　　　(B)　航路によらなければならないのは汽艇等以外の船舶である。

問 105 次の(A)と(B)は，港則法の命令の定める航路（以下航路という）内で船長がとった処置を述べたものである。それぞれの正誤を判断し，下の(1)～(4)のうちからあてはまるものを選べ。

> (A) 航行中，他船との衝突を避けるため，やむを得ず，航路内においてえい航していた船舶を放ち避航動作をとった。
> (B) 航行中，近接している岸壁に出船係留するため，他船のいないことを確認の上，航路内において用びょう回頭を行った。

(1) (A)は正しく，(B)は誤っている。
(2) (A)は誤っていて，(B)は正しい。
(3) (A)も(B)も正しい。　(4) (A)も(B)も誤っている。

答 (1)〔港則法第13条〕

【解説】 (A)，(B)ともに緊急時以外は禁止されている。(A)は緊急時であるので許される。

問 106 特定港の命令の定める航路内における航法について述べた次の(A)と(B)について，それぞれの正誤を判断し，下の(1)～(4)のうちからあてはまるものを選べ。　（港則法）

> (A) 航路を航行する船舶は，航路外から航路に入ろうとする船舶を避けなければならない。
> (B) 航路内において，他の船舶と行き会うときは，互いに右げん対右げんで航過しなければならない。

(1) (A)は正しく，(B)は誤っている。
(2) (A)は誤っていて，(B)は正しい。
(3) (A)も(B)も正しい。　(4) (A)も(B)も誤っている。

答 (4)〔港則法第14条〕

問 107　下図に示すように，港内を航行中の 2 隻の船舶が×印の付近で出会うおそれがあるときの航法として，正しいものは次のうちどれか。　　　　　　　　　　　　　　　　　　　　（港則法）

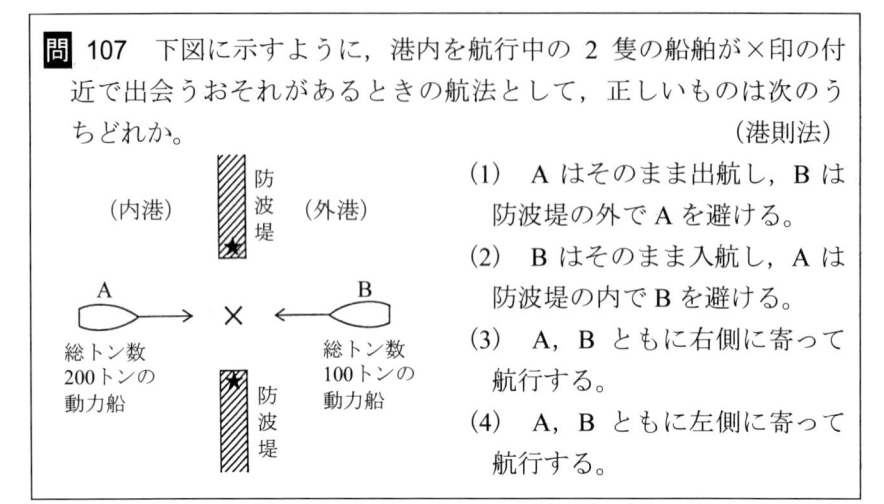

（内港）　防波堤　（外港）

A　総トン数200トンの動力船　→　×　←　B　総トン数100トンの動力船

防波堤

(1)　A はそのまま出航し，B は防波堤の外で A を避ける。
(2)　B はそのまま入航し，A は防波堤の内で B を避ける。
(3)　A，B ともに右側に寄って航行する。
(4)　A，B ともに左側に寄って航行する。

答　(1)〔港則法第 15 条〕

問 108　港則法に規定する「港の防波堤の入口付近」における航法について述べた次の(A)と(B)について，それぞれの正誤を判断し，下の(1)～(4)のうちからあてはまるものを選べ。

(A)　汽船が港の防波堤の入口付近で他の汽船と出会うおそれのあるときは，出航する汽船は，防波堤の内側で入航する汽船の進路を避けなければならない。
(B)　入港する汽艇等以外の船舶が港の防波堤の入口付近で出航する汽艇等と出会うおそれのあるときは，入航する汽艇等以外の船舶は防波堤の外で出航する汽艇等の進路を避けなければならない。

(1)　(A)は正しく，(B)は誤っている。
(2)　(A)は誤っていて，(B)は正しい。
(3)　(A)も(B)も正しい。　　　(4)　(A)も(B)も誤っている。

答　(4)〔港則法第 15 条，第 18 条〕
【解説】　(A)　出航船優先である。　　(B)　汽艇等に避航義務がある。

問 109　下図に示すように，港内を航行中の 2 隻の船舶が，×印の付近で衝突するおそれがあるときの航法として正しいものは，次の(1)～(4)のうちどれか。　　　　　　　　　　　　（港則法）

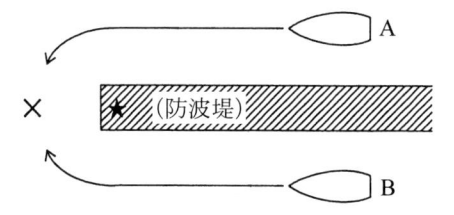

(1)　A は防波堤に近寄って航行し，B は防波堤から遠ざかって航行する。
(2)　B は防波堤に近寄って航行し，A は防波堤から遠ざかって航行する。
(3)　A，B ともに防波堤から遠ざかって航行する。
(4)　速力の速いほうの船舶が，他の船舶の針路を避ける。

答　(2)〔港則法第 17 条〕

問 110　港則法に規定する航法について述べた次の(A)と(B)について，それぞれの正誤を判断し，下の(1)～(4)のうちからあてはまるものを選べ。

(A)　汽艇等は，港内においては汽艇等以外の船舶の進路を避けなければならない。
(B)　港内では防波堤，停泊船舶などを右げんに見て航行するときは，できるだけこれに近寄って航行しなければならない。

(1)　(A)は正しく，(B)は誤っている。
(2)　(A)は誤っていて，(B)は正しい。
(3)　(A)も(B)も正しい。　　(4)　(A)も(B)も誤っている。

答　(3)〔港則法第 17 条，第 18 条〕

問 111 港則法の規定する「命令の定める船舶交通の著しく混雑する特定港」内において，「小型船」に該当するものは，次のうちどれか。
(1) 汽艇
(2) 総トン数 200 トンの貨物船
(3) 総トン数 600 トンのタンカー
(4) 総トン数 1000 トンのフェリー

答 (2) 〔港則法第 18 条〕

【解説】 (1)は汽艇等である。
(3)，(4)は一般大型船舶となる。

問 112 港則法の規定により，「国土交通省令の定める船舶交通が著しく混雑する特定港」において，国際信号旗の数字旗 1 を掲げなければならない船舶は，次のうちどれか。
(1) 汽艇
(2) 総トン数 200 トンの貨物船
(3) 総トン数 50 トンの引き船
(4) 総トン数 600 トンのフェリー

答 (4) 〔港則法第 18 条〕

問 113 「命令の定める船舶交通が著しく混雑する特定港」において，港則法の規定により，小型船及び汽艇等以外の船舶が掲げなければならない標識は，次のうちどれか。

(1) 黄／青の三角旗
(2) 白丸／青の三角旗
(3) 青／白の三角旗
(4) 赤丸／白の三角旗

答 (4) 〔港則法第 18 条〕

【解説】 (4)は数字旗 1 である。

問 114 港則法の規定により，爆発物その他の危険物を積載した船舶は，特定港に入港しようとするときは，港の境界外でだれの指揮を受けなければならないか。次のうちから選べ。
(1) 港湾管理者　　(2) 運輸局長
(3) 港長　　　　(4) 海上保安本部長

答 (3) 〔港則法第 21 条〕

問 115 港則法に規定する「危険物」に該当しないものは，次のうちどれか。
(1) LNG 船に積荷として積載した天然ガス
(2) タンカーに積荷として積載した灯油
(3) LPG 船の燃料油として積載した重油
(4) ケミカルタンカーに積荷として積載した塩酸

答 (3)〔港則法第 21 条〕

問 116 夜間，港内において港則法の規定により，白色の携帯電灯又は点火した白灯を常時表示しなければならない船舶は，次のうちどれか。
(1) 長さ 15 メートルの帆船
(2) 長さ 10 メートルの漁ろうに従事している船舶
(3) 長さ 7 メートルの動力船　　(4) ろかいを用いている船舶

答 (4)〔港則法第 27 条〕

問 117 次の (A) と (B) は，港則法に規定された事項を述べたものである。それぞれの正誤を判断し，下の (1)〜(4) のうちからあてはまるものを選べ。

(A) 何人も，港内では相当の注意をしないで，停泊船の付近で喫煙してはならない。
(B) 何人も，港内又は，港の境界外 10000 メートル以内の水面においては，みだりに廃物を捨ててはならない。

(1) (A) は正しく，(B) は誤っている。
(2) (A) は誤っていて，(B) は正しい。
(3) (A) も (B) も正しい。　　(4) (A) も (B) も誤っている。

答 (2)〔港則法第 24 条，第 37 条〕
【解説】(A) 停泊船ではなく油送船である。

問 118 港則法の規定によると、港内で、相当の注意をしないで喫煙し又は火気を取り扱ってはならないのは、どのようなところか。次のうちから選べ。
(1) 油送船がよく通る航路付近
(2) 石炭運搬船の付近
(3) 油送船の付近
(4) 船舶交通が著しく混雑するところ

答 (3)〔港則法第37条〕

問 119 特定港内において停泊中、港則法の規定により火災が発生した場合に行う汽笛又はサイレンによる信号は、次のうちどれか。
(1) 長音5回に引き続く短音5回の繰返し
(2) 短音5回の繰返し
(3) 短音1回に引き続く長音5回の繰返し
(4) 長音5回の繰返し

答 (4)〔港則法第30条〕

問 120 港則法の規定により、特定港に停泊する船舶で汽笛又はサイレンを備えるものは、船内のどのようなところに火災警報の方法を表示しなければならないか、次のうちから選べ。
(1) 食堂など乗組員が集まるところ
(2) 火災が最も発生しやすいところ
(3) 汽笛又はサイレンの吹鳴に従事する者が見易いところ
(4) 停泊当直者が常時いるところ

答 (3)〔港則法第30条の2〕

4 船員法, 船員労働安全衛生規則

問 121 船員法の規定により, 船長が甲板にあって自ら船舶を指揮しなければならない場合に該当しないものは, 次のうちどれか。
(1) 船舶が狭い水路を通過する場合
(2) 航行中他船から信号があった場合
(3) 船舶が港を出入する場合
(4) 荒天航行中船舶に危険のおそれがある場合

答 (2) 〔船員法第 10 条〕

問 122 船員法の規定により, 船舶が衝突したときに, 互いに告げなければならない事項が定められているが, この事項に該当しないものは, 次のうちどれか。
(1) 船長の氏名　　(2) 船舶所有者
(3) 船籍港　　　　(4) 発航港

答 (1) 〔船員法第 13 条〕

問 123　船長が，船員法の規定により「航行に関する報告」をしなければならない場合を述べた次の(A)と(B)について，それぞれの正誤を判断し，下の(1)～(4)のうちからあてはまるものを選べ。

> (A)　人命又は船舶の救助に従事した場合
> (B)　船内にある者が死亡し，又は行方不明となった場合

(1)　(A)は正しく，(B)は誤っている。
(2)　(A)は誤っていて，(B)は正しい。
(3)　(A)も(B)も正しい。
(4)　(A)も(B)も誤っている。

答　(3)〔船員法第19条〕

問 124　船長は，海難が発生した場合には船員法の規定により，行政官庁に「航行に関する報告」をしなければならないが，行政官庁とは次のうちどれか。
(1)　運輸局等の事務所　　(2)　海上保安部
(3)　地方海難審判庁　　　(4)　水上警察署

答　(1)〔船員法第19条，同法施行規則第14条〕

問 125　船舶に海難が発生した場合，船員法の規定により行う「航行に関する報告」において，船長が運輸局長に提示しなければならない書類は，次のうちどれか。
(1)　海員名簿　　(2)　旅客名簿
(3)　航海日誌　　(4)　機関日誌

答　(3)〔船員法施行規則第14条〕

問 126 船員法の規定により，船内秩序を維持するために船長の許可を必要とする場合は，次のうちどれか。
(1) 上陸する場合　　　(2) 食料又は淡水を使用する場合
(3) 日用品を持ち込む場合　　(4) 船内で会合する場合

答 (1)〔船員法第21条〕

【解説】(1) 船長の許可なく船舶を去らないこと（上陸する場合）。

問 127 船員法の規定により，海員が船内秩序を乱した場合，船長がとることのできる懲戒の処置は，次のうちどれか。
(1) 上陸禁止　(2) 免職　(3) 強制下船　(4) 罰金

答 (1)〔船員法第23条〕

問 128 船員法に規定する「船員手帳」について述べた次の(A)と(B)について，それぞれの正誤を判断し，下の(1)～(4)のうちからあてはまるものを選べ。

(A) 船員手帳の有効期間は，10年間である。
(B) 現住所が変わったときは，船員手帳の訂正をしなければならない。

(1) (A)は正しく，(B)は誤っている。
(2) (A)は誤っていて，(B)は正しい。
(3) (A)も(B)も正しい。
(4) (A)も(B)も誤っている。

答 (1)〔船員法施行規則第31条，第35条〕

【解説】(B) 本籍に変更があったときは，船員手帳の訂正をしなければならない。

問 129　船員法に規定する「船員手帳」について述べた次の(A)と(B)について，それぞれの正誤を判断し，下の(1)～(4)のうちからあてはまるものを選べ。

> (A)　乗船中の海員の船員手帳は船長が保管する。
> (B)　船員手帳の有効期間は3年である。

(1)　(A)は正しく，(B)は誤っている。
(2)　(A)は誤っていて，(B)は正しい。
(3)　(A)も(B)も正しい。
(4)　(A)も(B)も誤っている。

答　(1)〔船員法第50条，同法施行規則第35条〕

【解説】(B)　有効期間は10年である。

問 130　船員法の規定によれば，年齢18年未満の船員（漁船船員及び家族船員を除く。）の夜間労働は，原則として，何時から何時までの間禁じられているか。次のうちから選べ。
(1)　午後8時から翌日の午前5時まで
(2)　午後8時から翌日の午前6時まで
(3)　午後10時から翌日の午前5時まで
(4)　午後10時から翌日の午前6時まで

答　(1)〔船員法第86条〕

> 問 131 次の(A)と(B)は,船員労働安全衛生規則に規定する安全担当者の業務を述べたものである。それぞれの正誤を判断し,下の(1)〜(4)のうちからあてはまるものを選べ。
>
> (A) 衛生管理に関する記録の作成を行う。
> (B) 危害防止のための用具の点検を行う。
>
> (1) (A)は正しく,(B)は誤っている。
> (2) (A)は誤っていて,(B)は正しい。
> (3) (A)も(B)も正しい。
> (4) (A)も(B)も誤っている。

答 (2)〔船員労働安全衛生規則第5条〕

【解説】 (A) 衛生管理ではなく安全管理に関する記録の作成を行う。

> 問 132 船員労働安全衛生規則に規定する安全担当者の行う業務に該当しないものは,次のうちどれか。
> (1) 作業設備及び作業用具の点検及び整備
> (2) 安全装置,検知器具,消火器具,保護具等の点検及び整備
> (3) 医薬品の点検及び整備
> (4) 発生した災害の原因の調査

答 (3)〔船員労働安全衛生規則第5条〕

問 133 船員労働安全衛生規則に規定する清水の積み込みに関して述べた次の(A)と(B)について,それぞれの正誤を判断し,下の(1)～(4)のうちからあてはまるものを選べ。

> (A) 清水用の元せん及びホースは専用のものとすること。
> (B) 元せん及びホースは使用前に洗浄すること。

(1) (A)は正しく,(B)は誤っている。
(2) (A)は誤っていて,(B)は正しい。
(3) (A)も(B)も正しい。
(4) (A)も(B)も誤っている。

答 (3)〔船員労働安全衛生規則第38条〕

問 134 船員労働安全衛生規則によると,どのような作業を「高所作業」としているか。次のうちから選べ。
(1) 床面から2メートル以上の高所で行う作業
(2) 水面から2メートル以上の墜落のおそれのある高所で行う作業
(3) 水面から2メートル以上の高所で行う作業
(4) 床面から2メートル以上の墜落のおそれのある高所で行う作業

答 (4)〔船員労働安全衛生規則第51条〕

5　船舶職員法，海難審判法

問 135　船舶職員法によると，六級海技士の免許が与えられないのは満何歳未満と規定しているか。次のうちから選べ。
(1)　15　　(2)　16　　(3)　18　　(4)　20

答　(3)〔船舶職員法第6条〕

問 136　船舶職員法に規定する，海技免状について述べた次の(A)と(B)について，それぞれの正誤を判断し，下の(1)〜(4)のうちからあてはまるものを選べ。

（A）　海技免状は，他人に貸してはならない。
（B）　滅失による再交付は，国土交通大臣に申請しなければならない。

(1)　(A)は正しく，(B)は誤っている。
(2)　(A)は誤っていて，(B)は正しい。
(3)　(A)も(B)も正しい。
(4)　(A)も(B)も誤っている。

答　(3)〔船舶職員法第25条の2，同法施行規則第10条〕

問 137　船舶職員法に規定する，海技免状に関する次の(A)と(B)について，それぞれの正誤を判断し，下の(1)〜(4)のうちからあてはまるものを選べ。

> (A)　現住所が変わったときは，訂正を申請しなければならない。
> (B)　海技免状は，船内に備え置かなければならない。

(1)　(A)は正しく，(B)は誤っている。
(2)　(A)は誤っていて，(B)は正しい。
(3)　(A)も(B)も正しい。
(4)　(A)も(B)も誤っている。

答　(2)〔船舶職員法第25条，同法施行規則第7条〕

【解説】(A)　現住所ではなく，本籍が変わったとき，訂正を申請しなければならない。

問 138　海難審判法について述べた次の文のうち，誤っているものはどれか。
(1)　海難審判法の目的は，海技従事者を懲戒することである。
(2)　海難審判法において，「海難」とは，船舶の損傷，船舶の安全に対する阻害などをいう。
(3)　海難審判所には，地方海難審判所と海難審判所とがある。
(4)　懲戒のうち，最も重いものは，免許の取消である。

答　(1)

【解説】(2)　海難審判法第2条
　　　　(3)　海難審判法第7条，第11条
　　　　(4)　海難審判法第4条

問 139 海難審判法について述べた次の(A)と(B)について、それぞれの正誤を判断し、下の(1)～(4)のうちからあてはまるものを選べ。

(A) 海難を起こした海技従事者に科せられる懲戒のうち、最も重いものは、業務の停止である。
(B) 海難審判所には、地方海難審判所と海難審判所とがある。

(1) (A)は正しく、(B)は誤っている。
(2) (A)は誤っていて、(B)は正しい。
(3) (A)も(B)も正しい。
(4) (A)も(B)も誤っている。

答 (2)〔海難審判法第4条、第7条、第11条〕

【解説】(A) 業務の停止ではなく、免許の取消しである。

6 船舶法，船舶安全法，危険物船舶運送及び貯蔵規則

問 140　船舶法について述べた次の(A)と(B)について，それぞれの正誤を判断し，下の(1)〜(4)のうちからあてはまるものを選べ。

> (A)　日本船舶の所有者は，管海官庁に船舶の登録をしなければならない。
> (B)　船舶の登録をすると，船舶国籍証書が交付される。

(1)　(A)は正しく，(B)は誤っている。
(2)　(A)は誤っていて，(B)は正しい。
(3)　(A)も(B)も正しい。
(4)　(A)も(B)も誤っている。

答　(3)

【解説】船舶法第5条（新規登録と船舶国籍証書）に規定している。

問 141　船舶安全法に規定する航行区域に該当しないものは，次のうちどれか。
(1)　遠洋区域　　　(2)　近海区域
(3)　平水区域　　　(4)　河川区域

答　(4)〔船舶安全法施行規則第5条〕

問 142　船舶安全法に規定する「船舶検査証書」の取扱いについて述べた次の文のうち，正しいものはどれか。
(1)　船舶検査証書は，本社に保管しておかなければならない。
(2)　船舶検査証書は，船長室に掲げておかなければならない。
(3)　船舶検査証書は，船長が金庫に保管しておかなければならない。
(4)　船舶検査証書は，船内に備えておかなければならない。

答　(4)〔船舶安全法施行規則第40条〕

問 143　危険物船舶運送及び貯蔵規則により，引火性液体類や高圧ガスを積んでいる船舶が，昼間，港内で掲げなければならない標識は，次のうちどれか。
(1)　赤旗　　(2)　黄旗　　(3)　緑旗　　(4)　白旗

答　(1)〔危険物船舶運送及び貯蔵規則第5条の7〕

7 海洋汚染等及び海上災害の防止に関する法律

問 144 海洋汚染等及び海上災害の防止に関する法律に規定する「油記録簿の保存」について述べた次の文のうち,正しいものはどれか。
(1) 最後の記載をした日から 2 年間船舶内に保存する。
(2) 備え付けた日から 5 年間船舶内に保存する。
(3) 最後の記載をした日から 3 年間船舶内に保存する。
(4) 最初に記載した日から 3 年間船舶内に保存する。

答 (3)〔海洋汚染等及び海上災害の防止に関する法律第 8 条〕

問 145 海洋汚染等及び海上災害の防止に関する法律の規定により,一般に油や廃棄物を海洋に排出することが許されるのは,次のうちどれか。
(1) 軽油やガソリンのように粘度の低い油の排出
(2) 機関室にたまったビルジの排出
(3) 船舶の安全を確保するための油の排出
(4) 海底に埋没してしまうような廃棄物の排出

答 (3)〔海洋汚染等及び海上災害の防止に関する法律第 4 条〕

8 検疫法

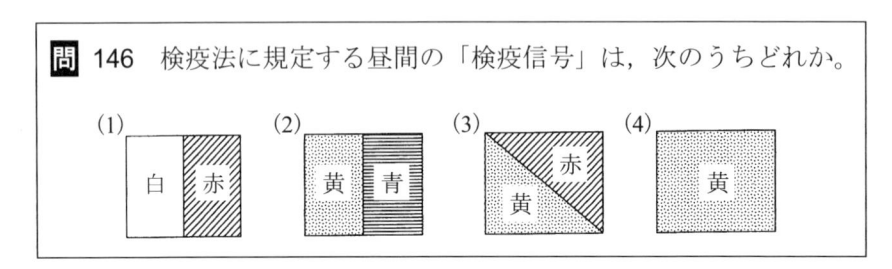

問 146 検疫法に規定する昼間の「検疫信号」は，次のうちどれか。

(1) 白／赤　　(2) 黄／青　　(3) 赤／黄　　(4) 黄

答 (4) 〔検疫法施行規則第2条〕

問 147 検疫法に規定する夜間の「検疫信号」として正しいものは，次のうちどれか。
(1) 紅白2灯を，白灯を上に紅灯を下に連掲する。
(2) 紅白2灯を，紅灯を上に白灯を下に連掲する。
(3) 黄白2灯を，黄灯を上に白灯を下に連掲する。
(4) 黄白2灯を，白灯を上に黄灯を下に連掲する。

答 (2) 〔検疫法施行規則第2条〕

問 148 検疫法に規定する夜間の「検疫信号」は，次のうちどれか。　　　　　　　　　　（注：○は白灯，⊘は紅灯）

(1)	(2)	(3)	(4)
⊘ ○	⊘ ⊘	⊘ ○ ⊘	○ ⊘

答　(1)〔検疫法施行規則第2条〕

<監修者>

和具 弘之(わぐ　ひろゆき)

1959 年　旧 国立神戸商船大学 航海科 卒業
同　　年　旧 東京タンカー(株)　三等航海士
1973 年　同社船長
1975 年　同社退社，運輸省入省
1988 年　北海道運輸局 先任海技試験官
1997 年　本省 首席海技試験官
1999 年　運輸省退官
同　　年　東海大学講師(2007年まで)

ISBN978-4-303-41571-6

海技士 6N セレクト問題集

2015年2月20日　初版発行　　　　　　　　　Ⓒ H. Wagu　2015
2021年6月20日　2版発行

検印省略

監修者　和具弘之
発行者　岡田雄希
発行所　海文堂出版株式会社
　　　　本　社　東京都文京区水道2-5-4（〒112-0005）
　　　　　　　　電話 03(3815)3291㈹　FAX 03(3815)3953
　　　　　　　　http://www.kaibundo.jp/
　　　　支　社　神戸市中央区元町通3-5-10（〒650-0022）
日本書籍出版協会会員・自然科学書協会会員・工学書協会会員

PRINTED IN JAPAN　　　　　　　　　印刷　東光整版印刷／製本　誠製本

|JCOPY| ＜出版者著作権管理機構　委託出版物＞

本書の無断複製は著作権法上での例外を除き禁じられています。複製される
場合は，そのつど事前に，出版者著作権管理機構（電話 03-5244-5088，FAX
03-5244-5089，e-mail: info@jcopy.or.jp）の許諾を得てください。

海図図式（海・陸部重要略記号）

※印をつけたものは今後刊行する海図には使用しない

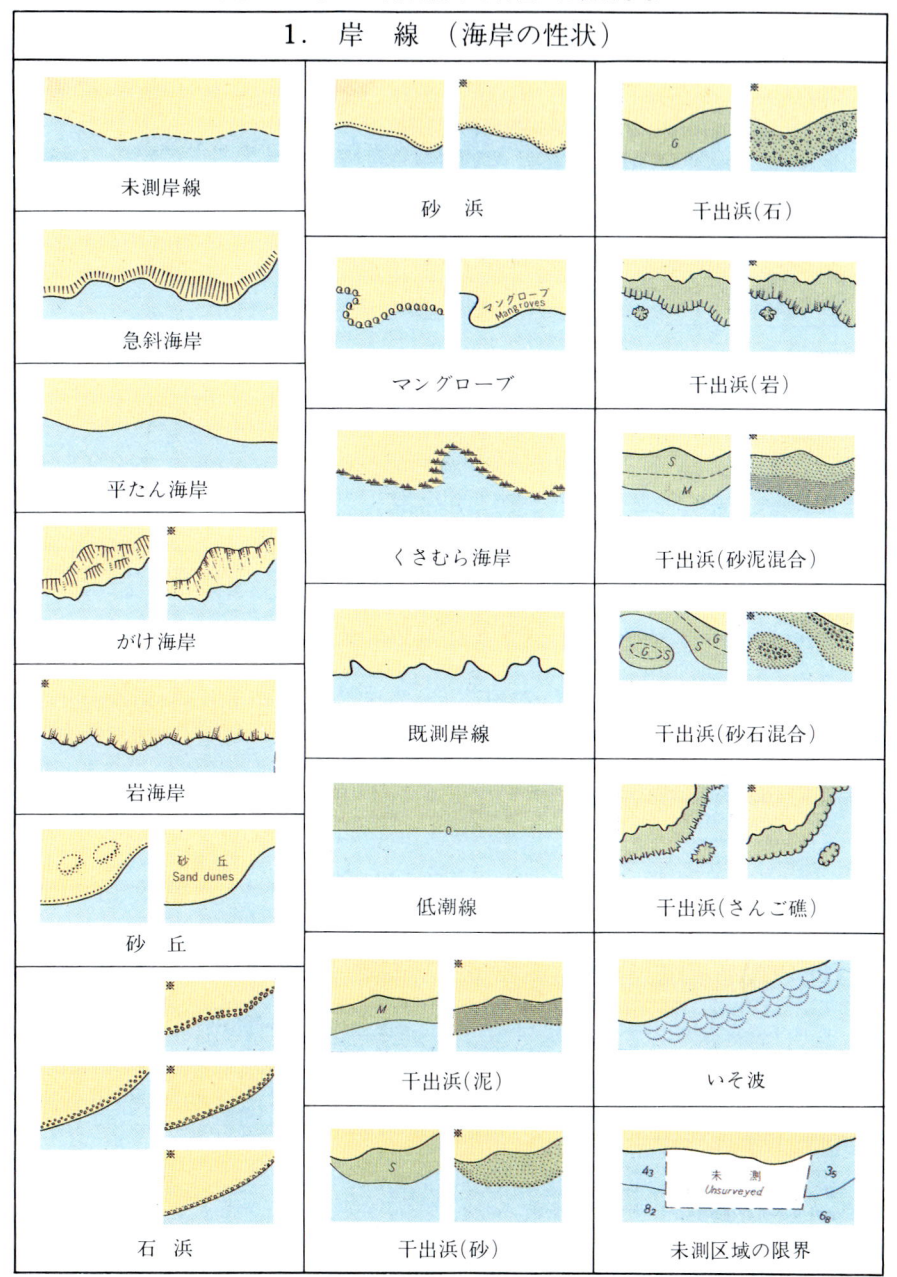

1. 岸線（海岸の性状）

未測岸線	砂浜	干出浜（石）
急斜海岸	マングローブ	干出浜（岩）
平たん海岸	くさむら海岸	干出浜（砂泥混合）
がけ海岸	既測岸線	干出浜（砂石混合）
岩海岸	低潮線	干出浜（さんご礁）
砂丘	干出浜（泥）	いそ波
石浜	干出浜（砂）	未測区域の限界

(1)

2. 陸部（地形）

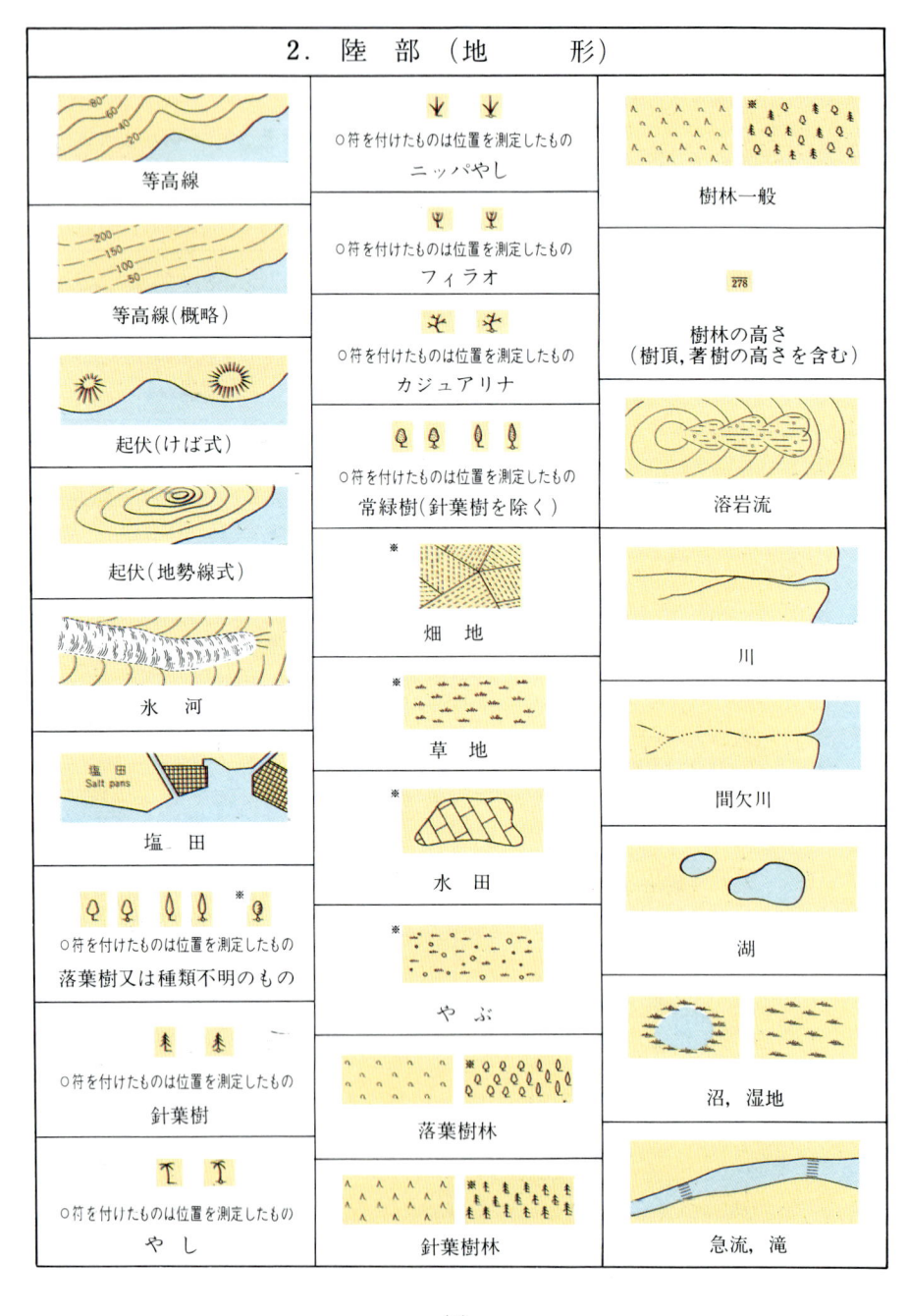

等高線	ニッパやし（○符を付けたものは位置を測定したもの）	樹林一般
等高線（概略）	フィラオ（○符を付けたものは位置を測定したもの）	樹林の高さ（樹頂，著樹の高さを含む）
起伏（けば式）	カジュアリナ（○符を付けたものは位置を測定したもの）	溶岩流
起伏（地勢線式）	常緑樹（針葉樹を除く）（○符を付けたものは位置を測定したもの）	川
氷河	畑地	間欠川
塩田	草地	湖
落葉樹又は種類不明のもの（○符を付けたものは位置を測定したもの）	水田	沼，湿地
針葉樹（○符を付けたものは位置を測定したもの）	やぶ	急流，滝
やし（○符を付けたものは位置を測定したもの）	落葉樹林	
	針葉樹林	

3. 基準点と建造物

記号	名称	記号	名称	記号	名称
△	三角点	※ ⚐	回教寺院	Hosp	病院
⊙ ・	定点		回教寺院の尖塔	Mon	記念碑
○	著目標の位置	Pag	パゴダ	※	
○	位置を示すもの	卍	仏閣	Cup	円頂屋、キュポラ
・356 ・43	高さ	⌧	神社	Ru	廃きょ
⊕	測点	⊢⊣	鳥居	Tr	塔、やぐら
⊥	基本水準標	†	十字架	✕	風車
○BM		⊥⊥	墓地（キリスト教以外）	※	水車
	市街	††	墓地（キリスト教）		風力モータ
	村落	⊥	墓	Chy	煙突
	建造物一般		保塁	Fla	火炎煙突
Cas	城		砲台		給水塔、配水塔
Ho	家	✈	空港、飛行場	Silo	サイロ
	著屋				油タンク
Ch	教会	St	街路	※ ○	
Cath	大寺院	Ave	街路	✕	鉱山、採石場
Sp	銳塔	Tel	電信	Sch ※	学校
	寺院	※Tel Off	電信局	Bldg	ビルディング
Ch	礼拝堂	PO ※	郵便局	Tel	電話
		※Govt Ho	政庁	⊡	石油又はガス開発台

4. 各種の部署

記号	名称	記号	名称	記号	名称
Sta ※Stn	部署	SS ※Sig Stn	信号所	SS（流氷）※Ice Sig	流氷信号所
CG	沿岸警備署	SS ※Sem	セマホア	SS（報時）※Time Sig	報時信号所
※Hr Off	海上保安部	SS（暴風）※S Sig	暴風標識信号所	FS	旗柱
	救命艇基地	SS（気象）※We Sig	気象標識信号所	Sig	信号
※LSS	水難救済所	SS（潮汐）※Tide Sig	潮汐信号所	※Obsy	観測所
	パイロットステーション	SS（潮流）※Stream Sig	潮流信号所	※Off	事務所

5. 港湾と地物（施設）

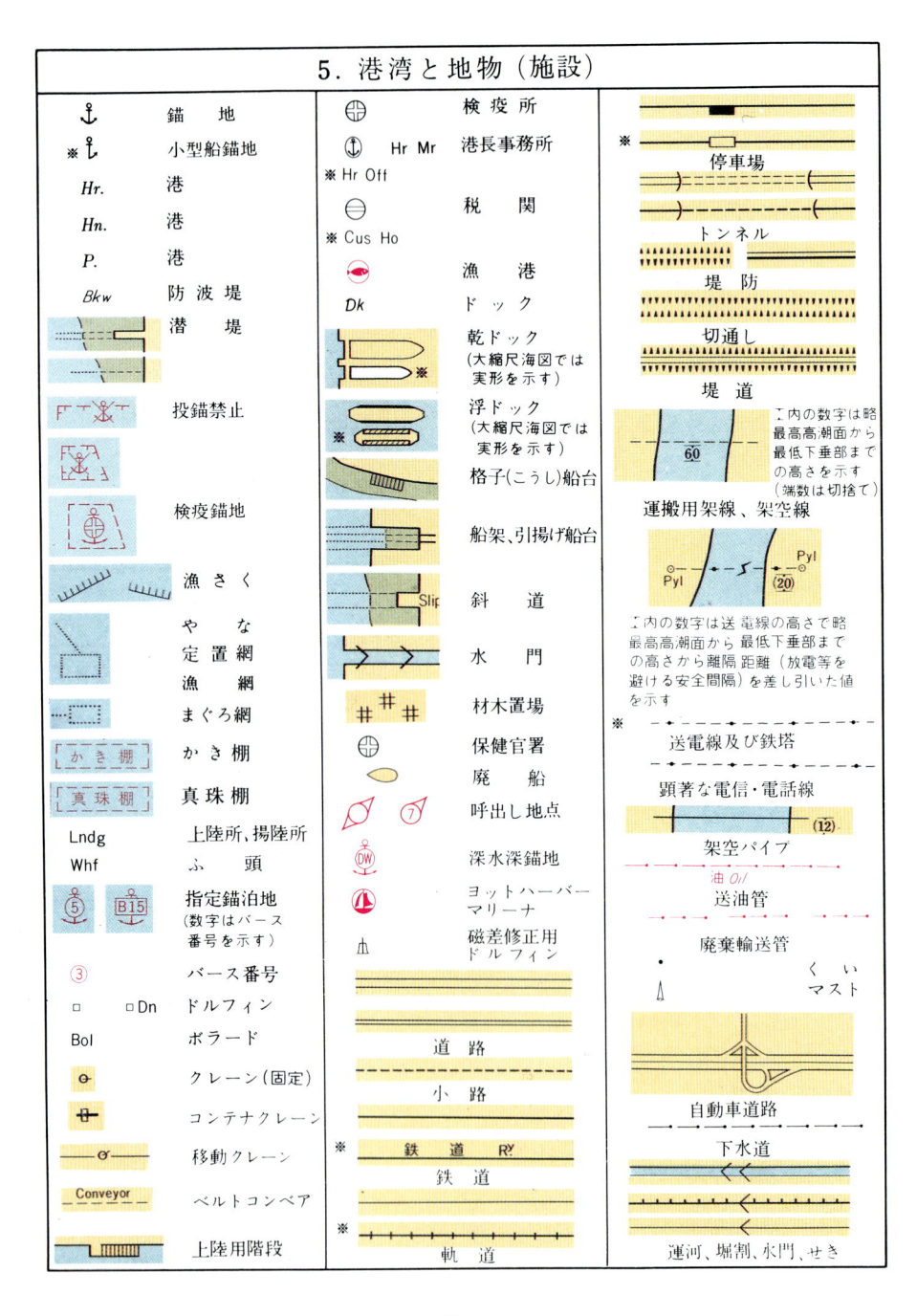

⚓	錨地
※⚓	小型船錨地
Hr.	港
Hn.	港
P.	港
Bkw	防波堤
	潜堤
	投錨禁止
	検疫錨地
	漁さく
	やな
	定置網
	漁網
	まぐろ網
かき棚	かき棚
真珠棚	真珠棚
Lndg	上陸所、揚陸所
Whf	ふ頭
⑤ B15	指定錨泊地（数字はバース番号を示す）
③	バース番号
□ Dn	ドルフィン
Bol	ボラード
	クレーン（固定）
	コンテナクレーン
	移動クレーン
Conveyor	ベルトコンベア
	上陸用階段

	検疫所
Hr Mr	港長事務所
※ Hr Off	
	税関
※ Cus Ho	
	漁港
Dk	ドック
	乾ドック（大縮尺海図では実形を示す）
	浮ドック（大縮尺海図では実形を示す）
	格子（こうし）船台
	船架、引揚げ船台
Slip	斜道
	水門
	材木置場
	保健官署
	廃船
⑦	呼出し地点
DW	深水深錨地
	ヨットハーバーマリーナ
	磁差修正用ドルフィン
	道路
	小路
Ry	鉄道
	鉄道
	軌道

	停車場
	トンネル
	堤防
	切通し
	堤道
60	⊏内の数字は略最高高潮面から最低下垂部までの高さを示す（端数は切捨て）
	運搬用架線、架空線
Pyl 20 Pyl	⊏内の数字は送電線の高さで略最高高潮面から最低下垂部までの高さから離隔距離（放電等を避ける安全間隔）を差し引いた値を示す
	送電線及び鉄塔
	顕著な電信・電話線
12	架空パイプ
油 Oil	送油管
	廃棄輸送管
	くい マスト
	自動車道路
	下水道
	運河、堀割、水門、せき

(4)

5. 港湾と地物（施設）

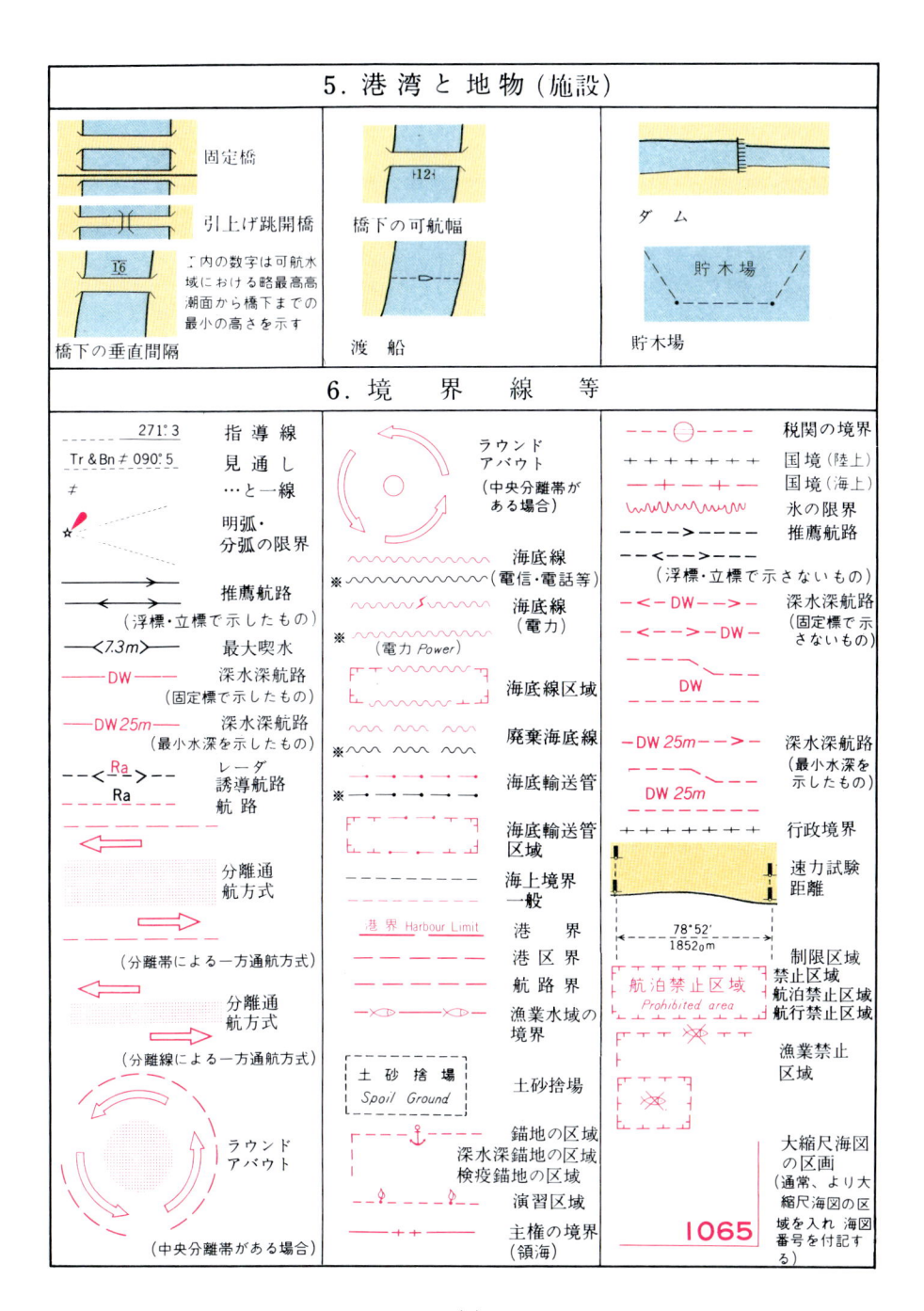

固定橋	橋下の可航幅	ダム
引上げ跳開橋		貯木場
橋下の垂直間隔 ⌐ ¬内の数字は可航水域における略最高高潮面から橋までの最小の高さを示す	渡船	貯木場

6. 境 界 線 等

271°3　指導線	ラウンドアバウト（中央分離帯がある場合）	税関の境界
Tr & Bn ≠ 090°5　見通し		国境（陸上）
≠　…と一線		国境（海上）
明弧・分弧の限界	海底線（電信・電話等）	氷の限界
推薦航路	海底線（電力）（電力 Power）	推薦航路（浮標・立標で示さないもの）
（浮標・立標で示したもの）	海底線区域	深水深航路 ＜—DW—＞
—＜7.3m＞—　最大喫水	廃棄海底線	＜—＞—DW—　深水深航路（固定標で示さないもの）
—DW—　深水深航路（固定標で示したもの）	海底輸送管	DW
—DW 25m—　深水深航路（最小水深を示したもの）	海底輸送管区域	—DW 25m—＞　深水深航路（最小水深を示したもの）
＜Ra　Ra　レーダ誘導航路　航路	海上境界一般	DW 25m
←　分離通航方式	港界 Harbour Limit　港界	行政境界
⇒　（分離帯による一方通航方式）	港区界	78°52′／1852₀m　速力試験距離
⇐　分離通航方式	航路界	航泊禁止区域 Prohibited area　制限区域禁止区域航泊禁止区域航行禁止区域
（分離線による一方通航方式）	漁業水域の境界	漁業禁止区域
ラウンドアバウト（中央分離帯がある場合）	土砂捨場 Spoil Ground　土砂捨場	
	錨地の区域／深水深錨地の区域／検疫錨地の区域	1065　大縮尺海図の区画（通常、より大縮尺海図の区域を入れ 海図番号を付記する）
	演習区域	
	主権の境界（領海）	

7．等深線及び着色

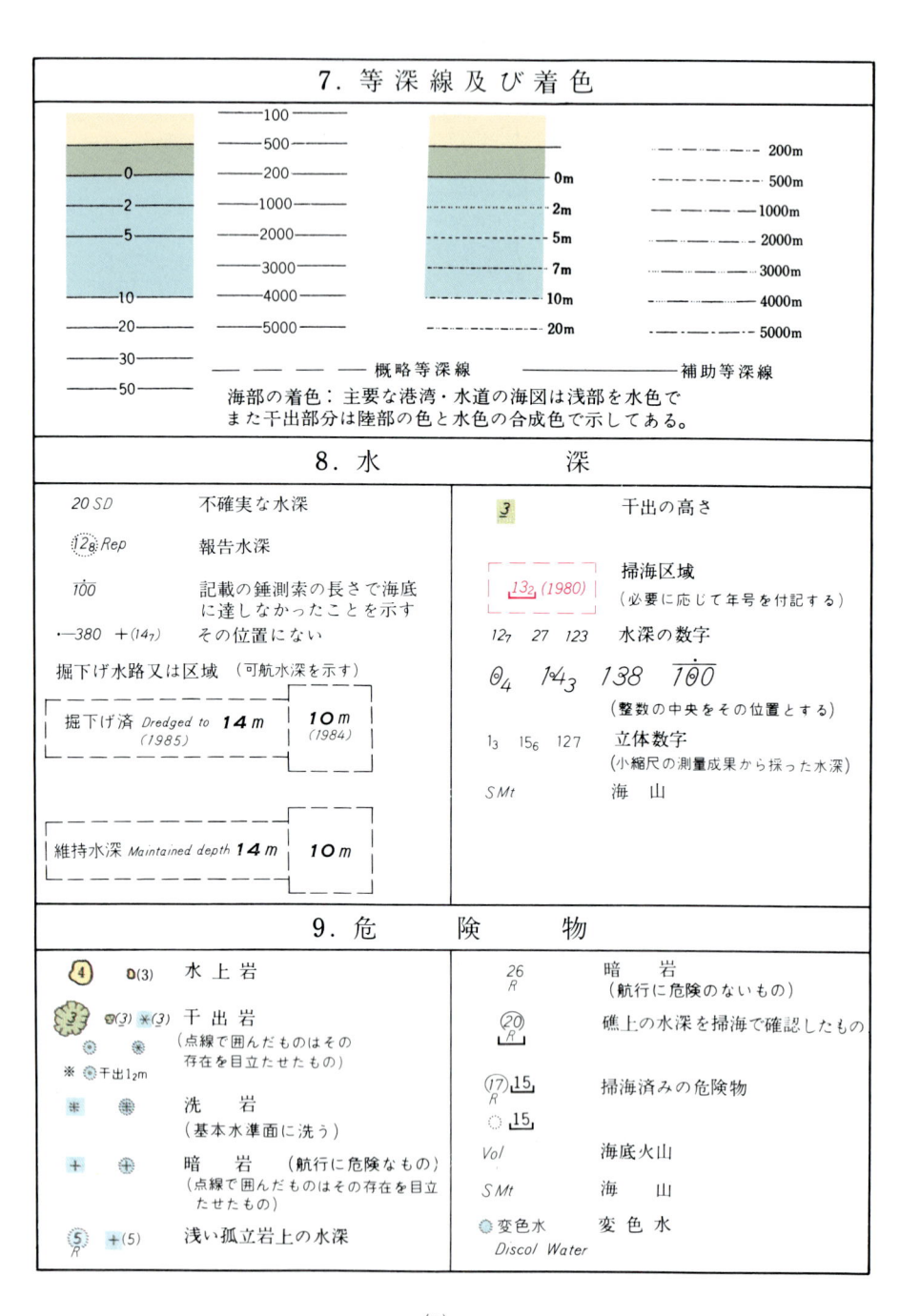

0 — 100	0m	----- 200m
2 — 500	2m	----- 500m
5 — 200	5m	----- 1000m
— 1000	7m	----- 2000m
10 — 2000	10m	----- 3000m
— 3000	20m	----- 4000m
20 — 4000		----- 5000m
30 — 5000		
50		

―――― 概略等深線　　　――――― 補助等深線

海部の着色：主要な港湾・水道の海図は浅部を水色で
また干出部分は陸部の色と水色の合成色で示してある。

8．水　　深

20 SD	不確実な水深	3	干出の高さ	
12₈ Rep	報告水深			
100	記載の錘測索の長さで海底に達しなかったことを示す	13₂ (1980)	掃海区域（必要に応じて年号を付記する）	
・—380 +(14₇)	その位置にない	12₇ 27 123	水深の数字	
掘下げ水路又は区域　（可航水深を示す）		0₄ 14₃ 138 100	（整数の中央をその位置とする）	
掘下げ済 Dredged to 14m (1985) ／ 10m (1984)		1₃ 15₆ 127	立体数字（小縮尺の測量成果から採った水深）	
維持水深 Maintained depth 14m ／ 10m		SMt	海　山	

9．危　険　物

④　0(3)	水 上 岩	26 R	暗　岩（航行に危険のないもの）	
🌀　⊛(3) (3)	干 出 岩（点線で囲んだものはその存在を目立たせたもの）	20 R	礁上の水深を掃海で確認したもの	
⊛ ⊛ 干出1₂m		(17) R 15	掃海済みの危険物	
✳ ✳	洗　岩（基本水準面に洗う）	15		
+　⊕	暗　岩　（航行に危険なもの）（点線で囲んだものはその存在を目立たせたもの）	Vol	海底火山	
		SMt	海　山	
5 R +(5)	浅い孤立岩上の水深	◎ 変色水 Discol Water	変色水	

9. 危　険　物

Co	さんご礁
Wk	船体の一部を露出した沈船（大縮尺図ではその概略の形を示す）
Mast	マストだけを露出した沈船（大縮尺図ではその概略の形を示す）
Mast Wk	
15 Wk	水深が不明確な未測沈船であるが、示された水深は安全限界を考慮している
Wk	危険全没沈船（沈船上の水深20m以浅）（大縮尺図ではその概略の形を示す）
15 Wk	沈船上の水深が明確なもの
12 Wk	沈船上の水深を掃海で確認したもの
+++ 15	掃海済みの沈船
+++	危険でない全没沈船（沈船上の水深20mをこえ200mに満たないもの）

注　意
1. 沈船の露出程度は基本水準面を基準とする。
2. 船形で示さない沈船の位置は各記号の中心である。

# Foul	険悪地
⊕	険悪物
～	サンドウェーブ
≈≈≈	急潮・波紋
≈≈≈	激　潮
⊙ ⊙	渦　流
⇐	海　草
Bk.	堆
Sh.	浅　瀬
Rf.	礁
Le.	岩　棚

〰〰 Br	破　浪
○ Well	水面下の油井口
Obstn ※Obst	障　害　物
⊡	石油開発台
Tr	塔、やぐら、測台
● Pile	く　い
Wk ※Wr_k	沈　船
(3_7) 6_8	魚　礁（最小水深がわかっているもの）
⬭	魚　礁（概位、水深不明なもの）
※ ○ 魚礁	魚　礁
○ Pile	水没くい
‡ ‡	沈　木
dr	干出する
cov	没　す　る
uncov	露出する
Rep ※Repd	報告された
Discol	変色した
✲✲✲	危険界線
PA ※(PA)	概　位（位置決定の精度が悪いもの）
PD ※(PD)	疑　位（種々の位置に報告され いかなる方法でも明確に決定できないもの）
ED ※(ED)	疑　存（存在が疑わしいもの）
pos	位　置
unexam	未精測

10.　　　灯

		灯の位置	V Q　　※V Qk Fl		超急閃光
Lt		灯	F Iso		連成不動等明暗光
Lt Ho		灯台	※ev		毎
☆Aero		航空灯台			分弧、明弧
☆　※Bn		灯標	Vi　　※vi		紫
Lt V		灯船	※pu		紫
Ldg Lts 271°3		導灯	Bu　　※bu		青
Dir		指向灯	G　　※g		緑
(lit)		照明灯	Y　　※or		オレンジ(色)
F		不動光	R　　※r		赤
Oc　※Occ		単明暗光	W　　※w		白
Fl		単閃光	※am		こはく(色)
Iso		等明暗光	Y　　※y		黄
Q　※Qk Fl		急閃光	Obscd　※obsc		しゃへい光
IQ　※IQk Fl		断続急閃光	Fog Det Lt		霧探知灯
Al.WR　※Alt		互光	※(U)		無看守灯
Al.Oc　※Alt Occ		明暗互光	(occas)		臨時灯
Al.Fl　※Alt Fl		閃互光	※irreg		不規則灯
Al.Fl(3)　※Alt Gp Fl		群閃互光	(prov)		仮灯
Oc(2)　※Gp Occ		群明暗光	(temp)		仮設灯
Fl(3)　※Gp Fl		群閃光	(exting)　※ext		消灯中の灯
S-L Fl		短長閃光	(vert)		縦掲灯
F Oc　※F Occ		連成不動明暗光	(hor)		横掲灯

1. 灯略記の記載順序はリズム、灯色、周期、灯高、光達距離である。ただし、灯色が白だけのときはこれを省略する。

   例　☆ Al.Fl(2) WR 15s23m19/18M
   e.g.　※ Alt Gp Fl w r(2)15sec23m19,18M
   　　☆ Oc WRG 4s15-11M
   　　※ Occ w r g 4sec15,12,11M

F Fl		連成不動閃光
F Oc(2)　※F Gp Occ		連成不動群明暗光
F Fl(3)　※F Gp Fl		連成不動群閃光
Mo(A)		モールス符号光
L Fl		長閃光

2. 灯略記中、灯高は平均水面から灯火の中心までのものである。また、光達距離は地理学的光達距離と光学的光達距離のうち小さなほうを記載してある。

(書誌第411号灯台表第1巻参照)

11. 浮標及び立標

○ ○	浮標又は立標の位置		(Float)	灯船（ライト・フロート）
	灯浮標			水路中央浮標
△ Bell	打鐘浮標			右舷浮標
△ Gong	ゴング浮標			左舷浮標
△ Whis	ホイッスル浮標			州の下端浮標
	円筒形浮標			州の上端浮標
	紡錘形浮標 円すい形浮標			孤立障害浮標
	球形浮標			沈船浮標
	円柱形浮標			係船浮標
	やぐら形浮標			電信設備付係船浮標
	北方位標識	(temp)		仮設浮標
	南方位標識	HS		横 線
	東方位標識	VS		縦 線
	西方位標識	Cheq		方格（チェック）
	弧立障害標識	W		白
	安全水域標識	B		黒
	左舷標識	R		赤
	右舷標識	Y		黄
	特殊標識	G		緑
	ドラムかん形浮標	Br		茶(色)
	たる形浮標	Gy		灰(色)
	様式不明のもの	Bu		青
		Am		こはく(色)
		Or		オレンジ(色)

(9)

11. 浮標及び立標

↑↑↑↑ R G BRB	立標	⚓ (記号)	大型係船浮標、タンカー係留用浮標
⊥ ○Bn	立標一般	⚓ (記号)	特大浮標
🔔	塔形立標	⚓ (記号)	大型自動航行浮標
↑↑↑↑↑ ↑↑↑↑↑	頭標 (トップマーク)	⚓ ODAS	大型資料収集浮標
△	積み石、石づか	□ SPM	一点係留構造物
□ W Mk	塗装した標		
Refl	反射器		
Bn┴┴Bn 271°3	導標		
┴┴┴┴ 2Bns ≠270°			

1. 浮標・立標の位置は底線中央の小円で示す。
2. 左舷(右舷)浮標とは、河口又は海口から水源に向かって上る船の左方(右方)に設置されているものをいう。
3. 浮標・立標の形状には種々のものがあり、場合によっては上の記号によらないことがある。

12. 無線局及びレーダ局

※ ○R ※ R Stn	無線電信局	※ ○Ra	レーダ局(船舶に方位距離を通知できないもの)
※ ○RT	無線電話局	○ Racon	レーダビーコン(レーコン)
※ ○RBn	無線標識局		
○ RC	無指向性式無線標識局	⋀	レーダ反射器
○ RD ~RD 300°~	指向性式無線標識局、コースビーコン	※Ra conspic	レーダ著目標
○ RW	指向性回転式無線標識局	○ Ramark	レーマーク
○ RG	無線方向探知局	○ Aero RC ※Aero R Bn	航空無線標識局
📡	無線柱	○ Consol	コンソル無線標式局
📡 ※R Tr	レーダ塔、テレビ塔、無線塔	○ DF (通信所名)	救難用方位測定局
TV Tr	テレビ塔		
○ R	無線標識業務を取扱う海岸局	☆ Fl(2)15s 32m 17M RC	灯台に併置して無線局があることを示す
○ Ra	レーダ局(船舶に方位距離を通知できるもの)		

13. 霧信号

※Fog Sig	霧信号所	Horn	霧ホーン
※R Fog Sig	無線霧信号所	Horn	電気ホーン
Explos	爆発霧信号	Bell	霧鐘
※Nauto	ノートフォン	Whis	霧ホイッスル
Dia	ダイヤフォン	Horn	リードホーン
Horn	ダイヤフラムホーン	Gong	霧ゴング
※Gun	霧砲	Mo	モールス符号霧信号
Siren	霧サイレン	霧信号略記の記載順序は種類、吹鳴回数、周期である	
Horn	霧ラッパ	例 種類 周期 e.g. ○ Horn (2) 30s 吹鳴回数	

14. 潮汐及び海・潮流

HW	高潮	MLW	平均低潮面
HHW	高高潮	MLWS	大潮の平均低潮面
LW	低潮	MLWN	小潮の平均低潮面
LLW	低低潮	MLLW	平均低低潮面
MTL	平均潮位	ISLW	インド大低潮面
MSL	平均水面	HWF&C	朔望の平均高潮間隔
Zo	水深の基準面から平均水面までの高さ	MHWI	平均高潮間隔
DL	水深の基準面・基本水準面 （水深改正の基準面）	LWF&C	朔望の平均低潮間隔
		MLWI	平均低潮間隔
Sp	大潮	〜〜1.5kn→	海流一般（流速を付記する）
SpR	大潮升	※ ≫≫1½kt→	
Np	小潮	―2.3kn→	上げ潮流（流速を付記する） （大潮期の最強流速を「ノット」 で小数第1位まで示す）
NpR	小潮升		
MHW	平均高潮面	←2.3kn―	下げ潮流（流速を付記する） （大潮期の最強流速を「ノット」 で小数第1位まで示す）
MHWS	大潮の平均高潮面		
MHWN	小潮の平均高潮面	‡	験潮器
MHHW	平均高高潮面	Vel	速度

14．潮汐及び海・潮流

kn ※kt　ノット 　　　潮流図表 （矢符上の黒点の数は高低潮時後の時間を示す） （図上に注記のない限りその地方の高低潮に関するものである） 1.3kn　2kn 1kn 1.5kn　1kn 2kn	※ Ⓐ　Ⓐ　潮流表（記事）を記載する地点

15．底　　　　　　質

※Gd	海　底	Sh	貝　殻	※gn	緑　の
S	砂	Oy	か　き	※y	黄　の
M	泥	※Ms	い　貝	※rd	赤　い
Oz	軟　泥	Sp	海　綿	※br	茶色の
※Ml	泥灰岩	Wd	海　草	※ch	チョコレート色の
Cy	粘　土	Fr	有孔虫	※gy	灰色の
Si	シルト	Gl	グロビゲリナ	※lt	明るい
G	礫	Di	けいそう	※d	暗　い
※Sn	粗　礫	Rd	放散虫		海底の湧水
Gr	細　礫	※Pt	翼足類		
P	中　礫	※Po	こけむし類	Al	うみも
Cb	大　礫	f	細かい	Sl	スラグ
St	石	m	中位の	U	う　に
R	岩	c	粗　い		
※Ck	白　亜	so	軟らかい		
ca	石灰質	h	堅　い	(Sh)　下　層　底　質	
※Qz	石　英	sf	堅　い	表層と下層との底質が異なっていることがわかっている場所には、次のように両層の底質が記載してある。 表層底質（厚さ、単位m）／下層底質 　　　（例）M(10)／SG 　表層の厚さが1m未満の場合は （<1）で示す 　　（例）M(<1)／SG	
Co	さんご	sm	小さい		
※Md	石さんご	l	大きい		
v	火山質	※sy	粘着質		
Lv	溶　岩	※bk	砕けた		
Pm	軽　石	※sk	まだらの		
T	凝灰岩	※ga	氷河の		
Sc	スコリア	※w	白　い		
※Cn	火山噴石	※bl	黒　い		
Mn　※Mg	マンガン	※b	青　い		

16. IALA 海上浮標式

本浮標式は、灯台、指向灯、導灯、導標、灯船及び大型航行用浮標を除く、すべての固定及び浮き標識に適用する。なお、沈船を示すための特別の定めはない。
側面標識が異なる A（左舷側赤）及び B（右舷側赤）の二つの国際浮標式地域がある。

昼　標	夜　標

側面標識　一般に範囲が定まっている水路の限界を示す。

この記号は水源の方向のはっきりしない所でその方向を示すために用いる。大きさ及び方向は場所によって適宜とする。

A 地域（左舷側赤）

左舷標識

塗色・赤		Oc R 等	灯色・赤
頭標・円筒形（付ける場合）	Fl R		リズム・任意 (ただし、Fl(2+1)を除く)

右舷標識

塗色・緑		Oc G 等	灯色・緑
頭標・円すい形（付ける場合）	Fl G		リズム・任意 (ただし、Fl(2+1)を除く)

右航路優先標識

標体の塗色・赤地に緑色横帯	Fl(2+1)R	Fl(2+1)R	灯色・赤
頭標・赤色円筒形（付ける場合）			

左航路優先標識

標体の塗色・緑地に赤色横帯	Fl(2+1)G	Fl(2+1)G	灯色・緑
頭標・緑色円すい形（付ける場合）			

B 地域（右舷側赤）

左舷標識

塗色・緑		Fl(2)G 等	灯色・緑
頭標・円筒形（付ける場合）	Fl G		リズム・任意 (ただし、Fl(2+1)を除く)

右舷標識

塗色・赤		Fl(2)R 等	灯色・赤
頭標・円すい形（付ける場合）	Fl R		リズム・任意 (ただし、Fl(2+1)を除く)

右航路優先標識

標体の塗色・緑地に赤色横帯	Fl(2+1)G	Fl(2+1)G	灯色・緑
頭標・緑色円筒形（付ける場合）			

左航路優先標識

標体の塗色・赤地に緑色横帯	Fl(2+1)R	Fl(2+1)R	灯色・赤
頭標・赤色円すい形（付ける場合）			

| A 地域 | B 地域 |

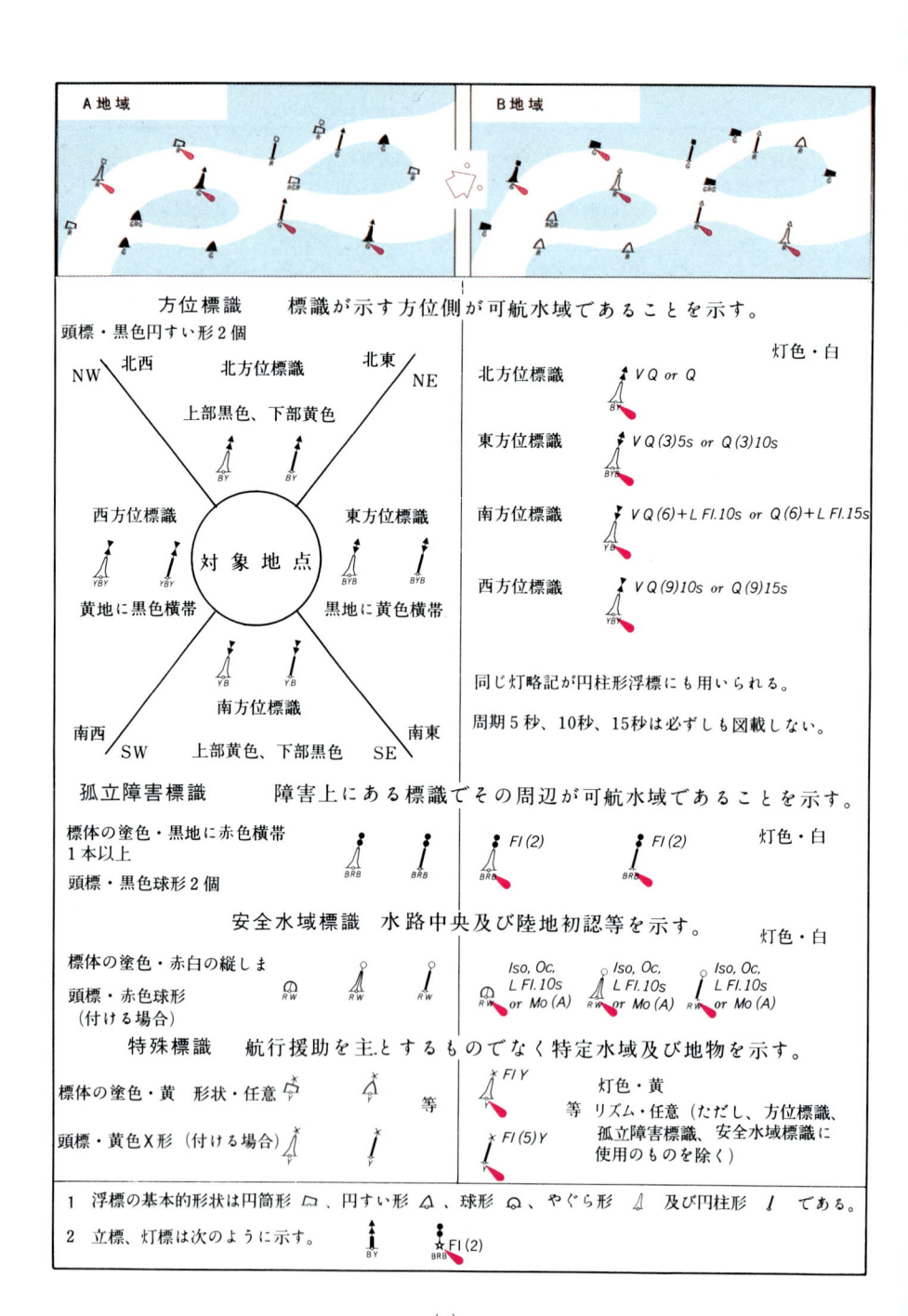

方位標識 標識が示す方位側が可航水域であることを示す。

頭標・黒色円すい形2個

NW 北西　北方位標識　北東 NE
上部黒色、下部黄色

西方位標識　　　東方位標識
対象地点
黄地に黒色横帯　　　黒地に黄色横帯

南方位標識
SW 南西　上部黄色、下部黒色　南東 SE

灯色・白

北方位標識　V Q or Q
東方位標識　V Q(3)5s or Q(3)10s
南方位標識　V Q(6)+L Fl.10s or Q(6)+L Fl.15s
西方位標識　V Q(9)10s or Q(9)15s

同じ灯略記が円柱形浮標にも用いられる。
周期5秒、10秒、15秒は必ずしも図載しない。

孤立障害標識 障害上にある標識でその周辺が可航水域であることを示す。

標体の塗色・黒地に赤色横帯1本以上
頭標・黒色球形2個

灯色・白
Fl(2)　Fl(2)

安全水域標識 水路中央及び陸地初認等を示す。

標体の塗色・赤白の縦しま
頭標・赤色球形
（付ける場合）

灯色・白
Iso, Oc, L Fl.10s or Mo(A)

特殊標識 航行援助を主とするものでなく特定水域及び地物を示す。

標体の塗色・黄　形状・任意　　　等
頭標・黄色X形（付ける場合）

灯色・黄
Fl Y
Fl(5)Y 等
リズム・任意（ただし、方位標識、孤立障害標識、安全水域標識に使用のものを除く）

1　浮標の基本的形状は円筒形、円すい形、球形、やぐら形 及び円柱形 である。
2　立標、灯標は次のように示す。　BY　☆Fl(2) BRB

IALA海上浮標式（B地域）の種別・意味・塗色・形状及び灯質

種別		意味	標体塗色	頭部塗色	形状	灯色	灯質
側面標識	左標識	1. 標識の位置が航路の左側の端であること 2. 標識の右側に可航水域があること 3. 標識の左側に岩礁・浅瀬・沈船等の障害物があること	緑	緑	円筒形 1個	緑	単閃光（周期は3、4及び5秒。） 群閃光（毎6秒に2閃光） モールス符号光（A、B、C及びD、任意）（例）2閃光 連続急閃光、連続閃光
	右標識	1. 標識の位置が航路の右側の端であること 2. 標識の左側に可航水域があること 3. 標識の右側に岩礁・浅瀬・沈船等の障害物があること	赤	赤	円すい形 1個	赤	
方位標識	左航路優先標識	標識の左側に優先航路があること	赤地に緑横帯 1本	赤	円すい形 1個	赤	複合群閃光（毎7秒に2閃光と1閃光）
	右航路優先標識	標識の右側に優先航路があること	緑地に赤横帯 1本	緑	円筒形 1個	緑	
方位標識	北方位標識	1. 標識の北側に可航水域があること 2. 標識の南側に岩礁・浅瀬・沈船等の障害物があること 3. 標識の北側に航路の出入口・屈曲点・分岐点又は合流点があること	上部黒下部黄	黒	円すい形 2個縦掲（両頂点上向き）	白	連続急閃光
	東方位標識	1. 標識の東側に可航水域があること 2. 標識の西側に岩礁・浅瀬・沈船等の障害物があること 3. 標識の東側に航路の出入口・屈曲点・分岐点又は合流点があること	黒地に黄横帯 1本	黒	円すい形 2個縦掲（底面対向）	白	群急閃光（毎10秒に3急閃光）

標識					色	灯質
南方位標識	1. 標識の南側に可航水域があること 2. 標識の北側に岩礁・浅瀬・沈船等の障害物があること 3. 標識の南側に航路の出入口・屈曲点、分岐点又は合流点があること	上部黄 下部黒	円すい形 2個縦掲 (両頂点 下向き)		黒	群急閃光(毎15秒に6急閃光と1長閃光) 群急閃光(毎15秒に9急閃光)
西方位標識	1. 標識の西側に可航水域があること 2. 標識の東側に岩礁・浅瀬・沈船等の障害物があること 3. 標識の西側に航路の出入口・屈曲点、分岐点又は合流点があること	黄地に 黒横帯 1本	円すい形 2個縦掲 (頂点対向)		黒	群急閃光(毎15秒に9急閃光)
孤立障害標識	標識の位置又はその付近に岩礁・浅瀬・沈船等の障害物が孤立してあること	黒地に 赤横帯 1本以上	球形 2個縦掲		白	群閃光(毎5秒又は10秒に2閃光)
安全水域標識	1. 標識の周囲に可航水域があること 2. 標識の位置が航路の中央であること	赤白 縦じま	球形 1個		白	等明暗光(明2秒暗2秒) モールス符号光(毎8秒にA) 長閃光(毎10秒に1長閃光)
特殊標識	1. 標識の位置が工事区域等の特別な区域の境界であること 2. 標識の位置がその付近に海洋観測施設があること	黄	X形 1個		黄	単閃光 (閃期は任意。) 群閃光(毎20秒に5閃光、閃数はU を除く。)(例)D モールス符号光(AとUを除く。閃期は任意。)(例)D

備 考 1. 意味については、その全部又は一部とする。
2. 航路及び標識の右側(左側)とは、水源に向かって左側(右側)をいう。
3. 上表に掲げる標識のほか、特別の意味を有する特定標識を設置する場合がある。

灯 質

種　　別	定　　義	例		図　示　解
		呼　　称	略　記	図
不　動　光 Fixed	一定の光度を持続し、暗間のないもの	不　動　白　光	F W	
明　暗　光 Occulting	一定の光度をもつ光を一定の間隔で発し、明間又は暗間の和が暗間の和より長いもの			
単明暗光 Single occulting	1周期内に一つの明暗をもつ明暗光	単　明　暗　白　光 明 6 秒、暗 2 秒	Oc W 8s	8 sec
群明暗光 Group occulting	1周期内に複数の明暗をもつ明暗光	群　明　暗　白　光 明 6 秒、暗 1 秒、 明 2 秒、暗 1 秒	Oc (2) W 10s	10sec
等　明　暗　光 Isophase	一定の光度をもつ光を一定の間隔で発し、明間と暗間の長さが同一のもの	等　明　暗　白　光 明 5 秒、暗 5 秒	Iso W 10s	10sec
閃　　光 Flashing	一定の光度をもつ光を1分間に50回未満の割合の光を一定の間隔で発し、明間又は明間の和が暗間又は暗間の和より短いもの			
単　閃　光 Single flashing	1周期内に一つの閃光	単　閃　赤　光 毎10秒に1閃光	Fl R 10s	10sec
長　閃　光 Long flashing	1周期内に2秒の長さの一つの明間をもつ閃光	長　閃　白　光 毎10秒に1長閃光	L Fl W 10s	10sec

群　閃　光 Group flashing	1周期内に複数の明間をもつ閃光	群　閃　赤　光 毎12秒に 3 閃 光	Fl(3) R 12s
複 合 群 閃 光 Composite group flashing	1周期内に二つの群閃光又は群閃光と単閃光の組合せをもつ閃光	複 合 群 閃 赤 光 毎7秒に 2 閃 光 と 1 閃 光	Fl(2+1) R 7s
閃　　　光 Quick	一定の光度をもつ1分間に50回の割合の光を一定の間隔で発し、明間の和が暗間の和より短いもの		
連 続 急 閃 光 Continuous quick	連続する急閃光	連 続 急 閃 白 光	Q W
群　急　閃　光 Group quick	1周期内に複数の明間をもつ急閃光	群 急 閃 白 光 毎10秒に 3 急閃光	Q(3) W 10s
		群 急 閃 白 光 毎15秒に 6 急閃光 と 1 長 閃 光	Q(6)+L Fl W 15s
モールス符号光 Morse code	モールス符号の光を発するもの	モールス符号白光 毎 8 秒 に　A	Mo (A) W 8s
連 成 不 動 光 Fixed and occulting or flashing	不動光中に、より明るい光を発するもの		
連成不動単閃光 Fixed and single flashing	不動光中に、単閃光を発するもの	連成不動単閃白光 毎10秒に 1 閃 光	F Fl W 10s

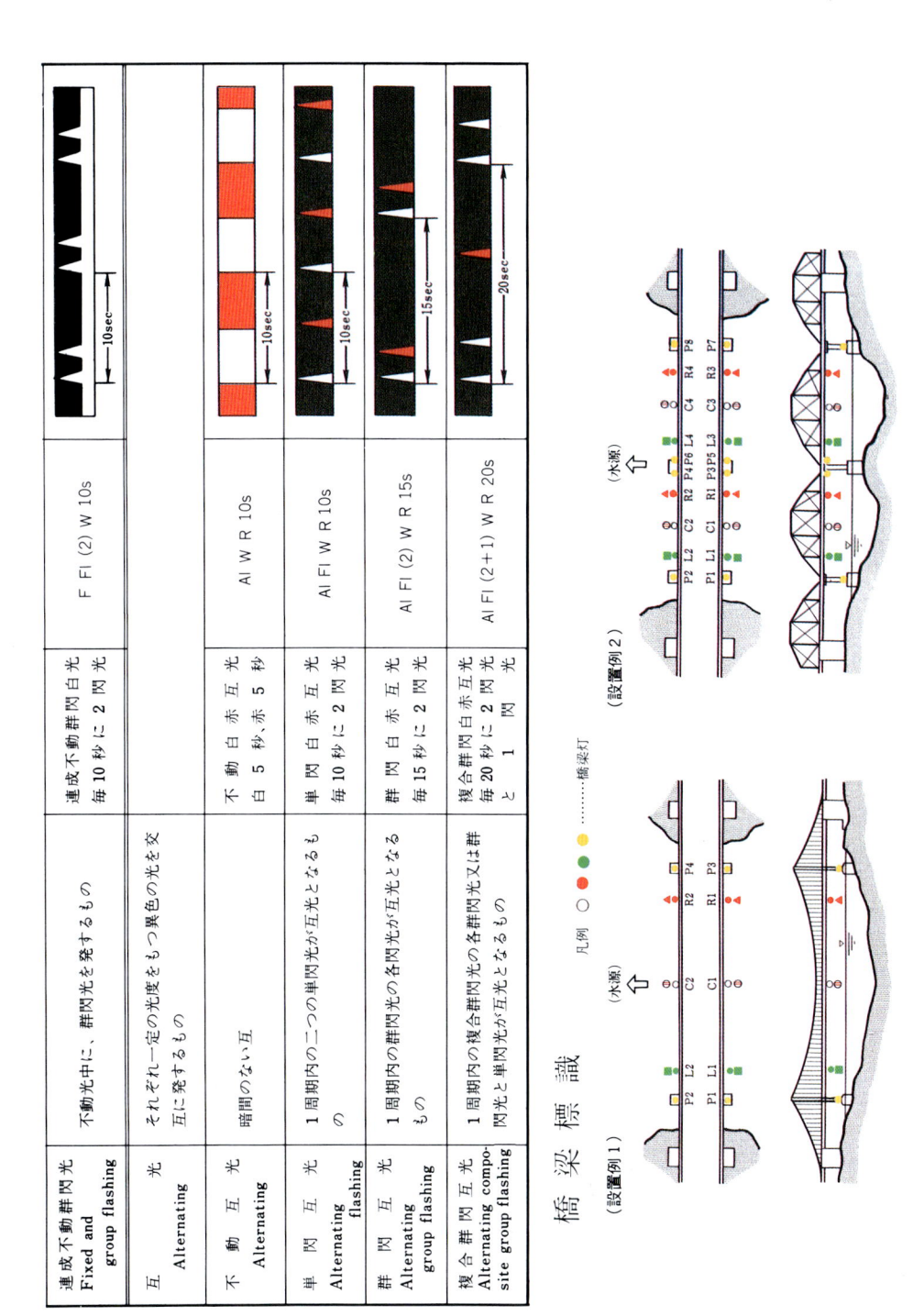

連成不動群閃光 Fixed and group flashing	不動光中に，群閃光を発するもの		連成不動群閃白光 毎10秒に2閃光	F Fl (2) W 10s
互 光 Alternating	それぞれ一定の光度をもつ異色の光を交互に発するもの			
不 動 互 光 Alternating	暗間のない互光		不 動 白 赤 互 光 白5秒，赤5秒	Al W R 10s
単 閃 互 光 Alternating flashing	1周期内の二つの単閃光が互光となるもの		単 閃 白 赤 互 光 毎10秒に2閃光	Al Fl W R 10s
群 閃 互 光 Alternating group flashing	1周期内の群閃光の各閃光が互光となるもの		群 閃 白 赤 互 光 毎15秒に2閃光	Al Fl (2) W R 15s
複合群閃互光 Alternating composite group flashing	1周期内の複合群閃光の各群閃光又は群閃光と単閃光が互光となるもの		複合群閃白赤互光 毎20秒に2閃光と1閃光	Al Fl (2+1) W R 20s

橋 梁 標 識　　凡例 ○ ○ ○ ………橋梁灯

(設置例1)

(設置例2)

(19)

潮流信号図表

来島海峡

来島長瀬ノ鼻潮流信号所　大浜潮流信号所　津島潮流信号所　来島大角鼻潮流信号所

電光表示	内　容	航行時に注意すべき事項
S	南　流	
N	北　流	
0～13	流　速 [単位：ノット（小数点第一位を四捨五入）]	逆潮の場合，最低速力4ノットを確保することが必要です。
↑	流速が速くなる	
↓	流速が遅くなる	
↓	転流1時間前から転流まで	この表示が出ている時の航路航行には，転流時通報が必要です。
×	転流期 [転流20分前から転流20分後まで]	

表示パターン例

潮流信号所において潮流情報は，2秒毎に点灯・消灯する文字等の組み合わせにより電光表示されます。
例えば，右図のような潮流の場合，潮流信号所では次のように表示されます。

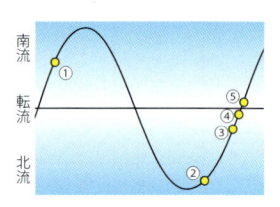

① S → ■(消灯) → 3 → ■(消灯) → ↑　：南流，3ノット，さらに流速が速くなる。

② N → ■(消灯) → 5 → ■(消灯) → ↓　：北流，5ノット，さらに流速が遅くなる。

③ N → ■(消灯) → 1 → ■(消灯) → ↓　：北流，1ノット，転流まで1時間以内。

④ N → ■(消灯) → × → ■(消灯) → ↓　：北流，転流期，20分以内に南流に変わる。

⑤ S → ■(消灯) → × → ■(消灯) → ↑　：南流，転流期，さらに流速が速くなる。

※転流は，中水道における潮流の転流時刻をいいます。

関門海峡

部崎潮流信号所　火ノ山下潮流信号所　台場鼻潮流信号所

電光表示
　　流向：E（東流）　　W（西流）　　流速：0～13
　　流速の傾向：↑又は↓

無線電話（火ノ山下潮流信号所）
　　呼出名称：ひのやました　　用語：日本語
　　電波の形式及び周波数：H3E　1,625kHz
　　空中線電力：2W

電話番号
　　0832-22-8810